創見文化，智慧的銳眼
www.book4u.com.tw　　www.silkbook.com

不創業，就等死

DOERS Business School

Do or Die

林偉賢在DBS
教你死裡逃生，創業必勝！

華文 DBS 創業學院創辦人 **林偉賢** 著

國家圖書館出版品預行編目資料

不創業，就等死 / 林偉賢 著. -- 初版. -- 新北市：
創見文化出版, 采舍國際有限公司發行, 2016.01
面；公分
ISBN 978-986-271-663-2(（平裝）

1.創業

494.1　　　　　　　　　　　104027697

成功良品 86

不創業，就等死

本書採減碳印製流程
並使用優質中性紙
（Acid & Alkali Free）
最符環保需求。

出版者／創見文化
作者／林偉賢
總編輯／歐綾纖
主編／蔡靜怡　　　　　　　　美術設計／蔡億盈

郵撥帳號／50017206 采舍國際有限公司（郵撥購買，請另付一成郵資）
台灣出版中心／新北市中和區中山路2段366巷10號10樓
電話／（02）2248-7896　　　　　傳真／（02）2248-7758
ISBN／978-986-271-663-2
出版日期／2016年1月

全球華文市場總代理／采舍國際有限公司
地址／新北市中和區中山路2段366巷10號3樓
電話／（02）8245-8786　　　　　傳真／（02）8245-8718

全系列書系特約展示門市
新絲路網路書店
地址／新北市中和區中山路2段366巷10號10樓
電話／（02）8245-9896
網址／www.silkbook.com

創見文化 facebook https://www.facebook.com/successbooks

本書於兩岸之行銷（營銷）活動悉由采舍國際公司圖書行銷部規畫執行。

線上總代理 ■ 全球華文聯合出版平台 www.book4u.com.tw
主題討論區 ■ http://www.silkbook.com/bookclub　　　　● 新絲路讀書會
紙本書平台 ■ http://www.silkbook.com　　　　● 新絲路網路書店
電子書平台 ■ http://www.book4u.com.tw　　　　● 華文電子書中心

利他是最好的利己

　　第一次見到林偉賢先生的大名，是數年前從書店看到他寫的一本「最佳商業模式」。這本書，將所有的商業模式作為一完整有系統的歸納，令我印象深刻，也對他產生了好奇。

　　第二次看到林先生的大名，是今年在遠見雜誌一篇關於他的報導，提到他在大陸所開設創業課程，每人收費高達新台幣 30 萬元，每年吸引大量企業家與創業者報名。我在管理學界任教 40 年，還沒有見過如此高收費卻又叫座的課程，這令我對他更加好奇，林先生到底是誰？

　　沒多久，在友人的介紹下，和林先生見面才發現他非常另類。

　　他因為在大學時代，辦社團活動熱心投入過頭，以致於被東吳大學退學。後來自行創業，遭受重大打擊，克服困難，又再度站起來，從一無所有變成教育集團的董事長，所投資的企業，高達上百家，成為創業典範，終於贏得東吳大學的肯定，獲頒贈傑出校友獎。

　　最近他專程飛到美國洛杉磯，探望當時將他退學的楊其銑老校長，老校長已高齡九十，林董事長長跪在老校長的輪椅旁，感謝老校長當年退學時給他的叮嚀。我才發現，林董事長是位有生命涵養心懷善念的企業家。

　　日前閱讀他在台出版的第二本排行榜暢銷書《我愛錢，更愛你！》，終於瞭解林董事長的經營理念，他認為每一個人都可以藉著「有捨就有得」，更新自己，提升生命品質。

　　其實這個理念和最近施振榮先生所倡導的王道經營思維不謀而合，也就是利他是最好的利己。另美國華頓商學院，最近也出版一本書「給予」，闡述相同的經營理念。這正是網路時代最佳的商業模式，這也是本書的核心思維。

　　本書亦提出許多創業智慧，列舉如下：

- 「互聯網＋」、大數據以及物聯網是未來創業的方向。

- 創業是要改變世界，有了這個使命再去承擔責任，故事才會流傳，大眾就會追隨。

- 如要跨過創業幽谷，得先找對同行者。

- 用系統做事，用平台獲利。

- 網路世代要懂得協作分享、優勢互補與共好發展。

- 要認識眾籌的力量，不但資金可以眾籌，製程與行銷可以眾籌，甚至產品與夢想亦可眾籌。

　　本書是林董事長開設創業課程 17 年來的結晶，書中充滿實例，深入淺出，引人入勝，令人愛不釋手，乃創業人士必讀的佳作，而一般讀者也可從中體會到新世代企業經營應有的風格。

中華民國管理科學學會理事長　劉維琪 謹誌

抓住機遇，成功可期！

隨著全球經濟的急速轉變，中國大陸經濟快速掘起，一股創業熱潮正在席捲年輕一代！

偉賢兄卓越前瞻，熱心地奔走各地，把握經驗傳承，除了精心講授各種創業課程外，更身體力行協助年輕人創業，許多有成的實例，令人欽敬！

台灣許多年輕人，在優渥的環境下成長，浸沉在「小確幸」的自我滿足！也像溫水煮青蛙一樣，慢慢腐蝕了鬥志與勇氣，讓人感到擔憂，也讓人感到可惜！

一句話，可以驚醒夢中人，一本書，更可以喚醒沉睡的鬥志！

這是一本深入但淺出，讓人可輕易吸收與了解的好書，把林老師的激勵透過文字，散發出熱情給年輕人更多的鼓舞！

我親自考察過「一帶一路」的發展藍圖與規劃，也實地走訪了西北絲路經濟帶及西南海上絲路的建設與發展！對這一代有志成功的朋友，除了恭喜外，更要肯定的說：「你們太幸運了！真是生逢創業的大好時機！」

除了祝福，我更願意以見證者，見證更多創業有成的實例！也願以誠祝的情，鼓勵還沒做好創業準備的朋友，「今天不創業，明天就會後悔！」，成功的大門是為準備好的人開啟！祝願有志者！創業都成功！

前台鹽實業股份有限公司董事長 洪璽曜

推薦序 3

「大數據 X」思考，「互聯網＋」創新

雲計算、物聯網、智慧城市、移動互聯，新技術與應用的不斷湧現，加速了「大數據」時代的到來。大數據，已經超越資料本身，轉向資料的資產化和服務化，轉向挖掘與分析資料帶來新商業價值，並為資訊服務產業和傳統商業模式帶來了巨大的機遇與挑戰。

企業互聯網化是經濟轉型的引擎，各類企業只有實現了互聯網模式下的產品創新、商業模式變革、管理升級，產業的全面互聯網化才得以實現，「互聯網＋」才能有效落地。現有企業特別是傳統型企業，更需主動與互聯網深度融合，通過運用互聯網思維實現企業經營模式、商業模式的創新和變革，轉型升級，把資訊化當作企業發展內生要素，在設計、生產、經營、管理、決策等環節，應用新一代資訊技術，特別是互聯網技術，實現生產製造、產品服務、市場行銷、企業管理互聯網化，充分開發和利用企業內部資訊資源，實現資訊流、資金流、物流的有效集成和綜合管理，優化資源配置，降低成本，提高效率，創新產品和服務、增加客戶滿意度，形成在互聯網環境下可持續發展的新的競爭力。

在此互聯網與大數據快速發展的時代下，東吳大學掌握趨勢，瞄準未來，跨院系合作，首創成立「巨量資料管理學院」，亦即呼應書中作者所提出的概念，期許本學院培養符合企業需求的大數據領域專業人才，成為巨量資料人才的培訓基地，無縫接軌校園的人才培訓與企業的實務需求。

　　林偉賢學長為本校榮譽與傑出校友，對於母校的支持與贊助不遺餘力。偉賢學長在海峽兩岸創辦三家基金會，堅持在地服務，不僅在大陸成立多家青少年育樂中心，提供弱勢青少年學習與活動，還長期培訓文創人才及創業就業輔導，在花蓮購地成立播種者教育園區，強力推廣「播下良善種子，成就好人好事！」未來。偉賢是一位從「思考」到「落實」的 Doer，他善用互聯網的思維，整合了無數的資源，落實到他的事業。他更是一位從「創意」到「創新」到「創業」的實踐家！他毫不吝惜地分享他的成功秘笈，希望每位讀者能從本書中獲得在新世紀時代下的成功之道。

東吳大學校長　潘維大

作者序

創新創業，涅槃重生

創新，是一種態度，一種不甘於平凡的改變！

創業，是一種選擇，一種先死而後生的勇氣！

我，在30歲以前，從來都沒有想過要創業，一直以為從事社會公益奉獻，會是我這輩子唯一的志業！而結果是，我在30歲那年，跟著我學長朱清成博士一起創辦了《SUCCESS》成功雜誌國際中文版，開啟了半創業的學習之旅；34歲，和我學弟郭騰尹老師共同創辦了實踐家教育集團，至今已近18年；45歲，開始投資我學生的企業，至今，合計自主控股以及股權投資的企業，已經超過120家，每個月還以3到5家的速度在增加中。

究其根本，不安於行業現狀的創新靈魂，是最大的動力！當我在金車教育基金會任職的時候，發獎學金與舉辦寒暑假的營隊，是原來的主要業務；勇於創新，在基金會李添財董事長與孫慶國執行長的堅定支持下，有了耳熟能詳的慈濟基金會「預約人間淨土」，以及台灣世界展望會「飢餓三十」兩項活動的創辦，後來更成為台灣社會公益活動的兩個重要里程碑！

當我跟著學長創辦《SUCCESS》成功雜誌的時候，我們把媒體從靜態，變成了動態。從1994年第一屆全方位成功經典講座集結了台灣八大名師聯合授課共吸引超過4000人參與的論壇，到引進EQ與心靈雞湯作

者等國際大師來台演講，我們一次次地刷新了媒體經營與教育培訓的先例，並從根本影響了後來東南亞各國華人教育培訓市場和中國大陸近二十年來的行業變遷！我們始終是行業變革的發起者！

　　當我和郭騰尹老師創辦實踐家的時候，是成功學最熱門的時刻，但是，我們認為可以實踐的方法與系統更為重要，因此有了到今天依然屹立不搖的實踐家根基！當大陸的教育培訓界都在急著圈錢的時候，我們紮紮實實地開啟了 0 到 24 歲的實踐菁英青少年教育生態圈的打造！當人心浮動，不再踏實工作的時刻，我們強勢宣布重新回歸 MONEY&YOU，用實質的行動，帶領大家重新創造一個說事實、愛、信任、喜樂、勇氣、廉正、負責任的環境；當沒有人看得懂的時候，我們大力呼籲大家注意東盟十國的商機，而今我們布局完成了，中國大陸也強力推動「一帶一路」了，大家才恍然大悟，而我們早已經卡位奠基，飛速前進！

林偉賢老師在兩岸創業模式對接會介紹 21 世紀創業趨勢。

林偉賢老師獲頒東吳大學第四屆國際傑出校友。

林偉賢老師引進澳州 FRIENDS 情緒健康管理課程，與創辦人寶拉柏奈特博士合影。

　　隨波逐流，從來不是我們的選擇！置之死地而後生的涅槃精神，才是我們不斷創新，並且引領新趨勢的主要關鍵！一直以來，我們都能提早 3 到 5 年看到趨勢與市場，就像中國大陸興起「大眾創業、萬眾創新」的風潮之前，我們早在 2008 年就已經政府機關批准設立了以培訓創業者為核心的實踐家商業培訓學院，並研發推出了 VCS 創業系統，現在更蛻變提升為 DBS 創業學院與 YDBS 菁創學院！在傳統大學教育逐漸失去功能的時刻，我們也已經集結全部資源，要翻轉教育，以創業家精神，籌備創辦一所真正與眾不同，可以引領本世紀大學創業教育潮流的教育體制內創業學院！

　　這是一個打工者最壞的時代，也是一個創業者最好的時代！同時，是一個一旦錯過了，就再也趕不上的時代！偉賢強烈呼籲所有有志創業的朋友們，不分年紀、性別、學歷、財力、經歷，都要勇敢地開始創業之路，不論自己創業，聯合創業，還是在原來公司體制下的內部創業，都是一種選擇！實踐家將協助您一步步的完善計畫，直到您成功創辦自己真正能有助於社會價值提升的事業！

林偉賢老師大力疾呼「大眾創業・萬眾創新」，帶領年輕人創業登峰！！

林偉賢老師鼓勵創業優勝小組，付諸實際行動，創業成功！！

DBS 創業學院台灣營區──第六期 DBS 學員與講師團隊合影。

林偉賢老師引進美國 QLN 量子學習系統，翻轉教育多次方，與創辦人芭比狄波特女士及台灣學習者合影。

到美國洛杉磯，探望東吳大學前校長楊其銑老校長。

　　人生是一個圓，由於實踐家在事業經營上有了一定的成績，我們得以回歸初心，連續三年創辦了實踐家文教基金會、播種者文化藝術基金會與實踐家文教慈善基金會等三個基金會，更有能力的去從事我從小就想奉獻的志業！

　　擁有財富的人，只是擁有了再次分配財富的權力；分配給別人多一點，自己會越來越多；分配給自己多一點，自己會越來越少！弄懂了，財富就能不斷增值了！

　　衷心祝福每一個創業者，事業與志業平衡成功！感恩！加油！

林偉賢

林偉賢老師強調理論與實務經驗合一，時時與學員互動分享所見所聞。

Chapter 1 G°
想創業，選對方向大於努力！
～掌握創業方向，挖掘創業商機

Chapter 2 G°
創業心智，態度決定一切
～培養企業家精神與特質

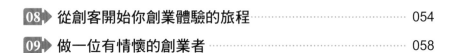

Chapter 3 Go

創業路上找對同行者
～找對人，就成功了90%

Chapter 4 Go

提升創業力，踏實走遠路
～精進創業技能，打造競爭優勢

Chapter 5 Go

資源整合，共創雙贏
～懂得協作分享，優勢互補，共好發展

Chapter
6 Go

商業計畫書，是你創業的藍圖
～為自己的創業制訂發展的藍圖

創業資金哪裡找
～找資金、選專案，解決錢的問題

Chapter 1

想創業，選對方向
大於努力！

～掌握創業方向，挖掘創業商機

大眾創業，萬眾創新

在中國政府全力推動「大眾創業、萬眾創新」的時代背景下，一句口號背後折射出全民創業的熱潮，中國大陸開始了萬眾創新的熱潮，整個中國像雨後春筍般，不斷地湧出想創業的人。由於政府的大力支持、風險資本介入，讓創新、創業、創客如火如荼。

據統計，深圳是創業氛圍最濃厚的城市，每六個人就有一個創業者。緊隨深圳之後的是青島市，每十人就有一人是「老闆」。受創業環境變化驅動，再加上政策開放給了創業者很多方便，中國每天有一萬多家企業註冊，平均每分鐘就會誕生七家新公司。

為什麼中國要開放那麼多利多政策給創業者？因為經濟疲弱的關係，當中國大陸經濟下滑、放緩的時候，失業率就會提升了，於是中國總理李克強在此時積極推動「大眾創業、萬眾創新」，因為與其大量失業，造成社會問題，乾脆就鼓勵創業，加大創新創業力道，就可以擴大就業、增加人民收入，解決失業率提高的現象，維持經濟成長率，這是第一個時代背景。當失業時就有很多人去創業，相對就沒有失業的問題了，而每個創業者也會帶來更多的就業機會。

第二個原因，中國大陸早期的企業型態大多是國營企業，與日本、美國很像，都是大企業。通常的情況是美國人若是出生在底特律，他們家族三代可能都是在福特汽車公司工作，然而現在製造業式微了，過不了多久，他們可能就沒有工作機會了。再來看看日本的情形，一個日本上班族畢業後成功考進松下公司、Nissan汽車……等大企業，他們從年經到老都

會在同一家公司工作，因為他們認為能夠進入大企業工作是一件很光榮的事。在中國，以前人們都認為進到國營企業工作，就是抱了個鐵飯碗，可以安安穩穩地工作到退休。但現在不一樣了，你在鐵飯碗的國營企業工作，工資所得卻比不上創業所帶來的巨大所得，現在的國營企業已經「掉漆」了，不像以前那樣風光了。

反觀現在的台灣，公家機關、國營企業依然很搶手，還是有很多人排隊想要擠進去，每年的報考人數都破紀錄。像是中華郵政公司，還是有成千上萬人想擠進那裡寥寥無幾的幾個位子，這是非常吊詭的現象。許多台灣年輕人的心聲是：「我只想要有個穩定的工作，工作輕鬆、薪水夠用、平常可以做自己的事情，一年能出國一次，這樣就夠了。不求升官、不期望發大財，只求自在過自己的小日子。」當然，小確幸沒什麼不好或不對，只是當一個國家大多數的年輕人都只想要小確幸時，那事情就大條了！一個國家的活力，是來自一群只想安分守己地工作，只圖穩定溫飽日子的人，跟一群真正想去追求創造屬於自己未來的工作或事業，整個社會所創造出來的活力、能量是完全不一樣的。

創業環境不一樣了

現在中國大陸，為了加速推動大眾創業，給創業者大開方便之門，有許多利多措施；舉例來說，創業者的創業資金可以不用到位即可開辦公司；像是如果需要一億人民幣才能創業，而你在法人登記書上寫一億人民幣，但實際上你的資金是不需要有一億元才能創業，每家公司看起來都很大；現在又是多層次的資本結構市場，公司要上市可說是非常方便，所以能讓許多小企業能在短時間內快速做大，有機會拿到更多的資源，雖然是小企業，因為資本融資方便，創業的便利性和彈性就提高不少，所以小企

業很快就可以做出不同於過去傳統企業的績效。

以前創業為何比較慢？回想一下我們以前是如何創業的？以前，你在一家公司、工廠工作五年、十年了，你不想一輩子替人打工，你想創業，但一直因為沒錢而踟躕不前，所以努力存錢，一年存個五萬、十萬，過了五年、十年，終於存到了第一桶金，有一筆創業資金，打算要勇敢創業，這時才發現你所存的五十萬元可能連一輛車都買不起了；所以在早期那樣的環境下，即使有創業的想法，努力準備等了幾年後，卻依然無法實現創業，這是以前創業者們所面對最現實的狀況。然而現在大環境不同了，你可以利用大眾籌募資金，只要你有夢想並告訴別人，自然就有人會支持你，馬上就可能實現創業夢。

另一個是在中國，政府鼓勵大學生創業，這就更恐怖了。政策方向是以創業帶動就業，實施大學生創業引領計畫，鼓勵優秀學生創業，支持他們到新興產業創業，這樣就能製造更多的就業機會；因此，政府當然願意鼓勵新創，同時也是鼓勵創造更多就業機會。在中國只要你願意休學兼創業，一邊讀書一邊創業，學校就會提供休學創業的配套，包括創業可拿「創新學分」、允許休學創業、支援教師技術入股等等。政府提供補助讓大學生休學創業，學校也鼓勵學生創業。反觀台灣的學生，只想好好念書，順利畢業，而大陸的學生，在大學時期就已經開始他的創業規劃，甚至已經開始創業了。在中國政府的有心支持下，鼓勵全民創業，大家都在「瘋」創業。所以，大陸學生十八歲進入大學，除了專心學習，也同時開始在心裡謀劃創業的事，因為他們非常明白，若是大學期間自己沒有創業，到二十二歲畢業之後就只能給同班同學打工，因為你的同學在十八歲時就已經創業了。台灣的創業者，通常是先就業，然後再創業，三十歲就業、四十歲創業。今年中國大陸的大學畢業生有七百九十萬個，就代表在

校生有三千多萬個，三千多萬個學生（大軍）創業的話，整個國家的經濟活力是不是就變得不一樣了呢？當整個社會都重視和支持青年創新創業，提供更有利的條件、搭建更廣闊的舞臺，讓廣大青年在創新創業中煥發出更加奪目的青春光彩。這種活力和創造，將會成為中國經濟未來成長的不熄引擎。

年輕人勇敢創業吧！

創業的前提是創新，所以大陸講「大眾創業、萬眾創新」。一個國家的能量、能力，跟民眾朝向哪種方向有關。其實所謂「大眾創業，萬眾創新」，對中國大陸而言，也是必然要走的方向，為什麼呢？因為中國極需要用創新來洗刷過去山寨的汙名。有個有趣現象，2015年九月中國國家主席習近平到美國訪問，美國自認為自己最堅強的企業就是互聯網，這次習近平的美國行也帶去了互聯網企業，開了互聯網會議，馬雲參加這次的會議，美國的ebay（最大的買家賣家網）也參與了；中國的WeChat（微信）去了，美國的Facebook也去了；歐巴馬也許會覺得抄襲者都抄到家裡來了，這是不是很有趣呢？但值得我們深思的是，中國的企業已經強大到可以和美國平起平坐了，微信、微博都來自於Facebook的想法，雖然微信有很多功能是Facebook沒有提供、沒有做到的，但它現在已經走過了模仿、抄襲的階段，開始有了自己的創新，所以創新是現在中國大陸最重要的精神。因為它明白，唯有大量的創新，才能成為真正的世界領導者。

但是回過頭來看，我很擔心一件事，早期台灣的綜藝節目是很有名的，大陸那邊是爭先恐後地在播放我們的綜藝節目，然而不過短短幾年，現在台灣播的是大陸的「中國好聲音」、「爸爸去哪兒」，並且有越來

多的跡象。我相信台灣還是有創新（innovation）的潛能，雖然中國極盡能力要洗刷山寨的形象，台灣原來是擁有豐富多元創新能力的地方，如今已漸漸失去了這種靈魂、失去追求這種精神，所以，我認為「大眾創業，萬眾創新」不只是中國大陸的事，也應該是台灣的事。台灣人應該漸漸走出這樣的霧霾，才能真正呈現台灣最美好的一面。台灣過去的霧區是製造業，我們曾經自豪HTC、華碩（ASUS）有能力做出很好的電腦產品；在硬體方面做很多，軟件方面做太少，如今台灣應該多做軟件，才能及時趕上時代潮流，不要迷失於過去硬體時代的風光，這是現在我們更應該努力積極去創造價值的部分。

中國目前積極發展互聯網＋、物聯網和大數據，推動「一帶一路」，中國市場充滿機會與挑戰，不管是在創業的軟環境上，還是硬環境上，目前去大陸創業都處於最佳時期，對於台灣青年而言，反而應該緊跟發展潮流，跳出所謂的「小確幸」心態，以敢於創業，勇於創業的精神前往大陸創業，抓緊中國當前的創業熱潮和其所蘊藏的創業機遇，享受優厚的創業政策，實現自身的創業夢。一切互聯互通的時代，讓更多人的夢想和創意，變為了可能。只要你有好的創意、好的點子、好的產品，夠真誠、夠堅持，創業從未像現在這樣簡單和容易！

02 一帶一路，互聯互通

　　「一帶一路」是未來幾十年內改變中國的大戰略，不僅是對中國，對世界的大格局也必將影響深遠。「一帶一路」貫穿歐亞大陸，東邊連接亞太經濟圈，西邊進入歐洲經濟圈，截至到2015年底，這個合作倡議已得到沿線五十多個以上的國家積極回應，開啟全新的國際合作。對於年輕人尤其是台灣的年輕人而言，「一帶一路」是築夢中國，實現創業夢想的大好機遇。

　　中國國家主席習近平在某個會議上提到了「一帶一路、互聯互通」的概念，到了2015年更是普遍推廣這個概念。「一帶一路」指的是以陸上的「絲綢之路經濟帶」與「海上絲綢之路」貫穿歐亞大陸。「一帶」是從西安出發，沿河西走廊，途經中亞與西亞進入歐洲；「一路」則是取道麻六甲海峽西進緬甸與孟加拉，再取道東非，從地中海進入歐洲，等於是把南亞到歐洲，再到非洲，也就是把歐、亞、非洲等三大洲連在一起。這兩條路線都以中國為發展中心，向世界各地發展。

一帶一路

　　「互聯互通」是什麼呢？把公路、鐵路、港口、機場，再加上工廠，連成一網絡。在這些周邊沿線國家，由中國調動公路、鐵路、港口、機場等這些資源，與世界各國合作，承包這些基礎建設。例如，最新消息，中國和印尼相關企業正式簽署合資協定，合作建設雅萬高鐵。雅萬高鐵將全面採用中國標準、中國技術、中國裝備興建，並向印尼方轉移高鐵技術。該鐵路全長150公里，設計時速300公里，預計三年後通車，耗資55億美元。雅萬高鐵被視為中國在海外真正落地的第一條高鐵，是中國高鐵第一次全系統、全產業鏈走出國門、走向世界。此外，墨西哥已經同意跟中國買高鐵車廂了。美國加州也有一條到聖地牙哥的高鐵，預計也要由中國來承建。

　　當公路、鐵路、機場都搞定了，連結在一起，我們是否就可以串聯國與國的互聯互通，就變得更加方便。如此一來，就可以再把工廠搬遷出去，例如，以前的日本一旦有錢了，就把工廠搬遷到中國，美國有錢了，把工廠搬到中南美洲，台灣有錢了，把工廠搬到廣州，香港有錢了，把工廠搬到深圳，這種現象是不是都一樣？

　　中國現在的人工成本提高，勢必藉由「一帶一路、互聯互通」的方式將製造業遷移到國外，當中國把工業外移時候，也會帶動當地的建設、繁榮。印尼雅萬高鐵專案的實施不僅能直接拉動印尼冶煉、製造、基建、電力、電子、服務、物流等配套產業發展，增加就業機會，促進沿線商業開發，帶動沿線旅遊產業快速發展，還將深化中國與東南亞相關國家的鐵路合作，加快泛亞鐵路網建設，實現中國與「一帶一路」沿線國家交通基礎設施的互聯互通。

　　實現交通基礎設施的互聯互通是促進地域經濟合作的第一步。有了互聯互通，就會有各種生產要素的流動性，就會有進一步國際分工的可能

性，就會帶動國際貿易的發展。

「一帶一路、互聯互通」關鍵是做到「打造平台，制定規則，掌控標準」，這是其中的核心。整個「一帶一路」的平台由中國來打造，規則是中國自己訂定的；標準是最恐怖的，如果車廂是從中國賣出的，未來這些標準都掌控在中國手裡。因此，將來一旦有零件需求時，而中國卻不賣給你，你就必須受制於它。

對台灣而言，一帶一路、互聯互通，最熟悉的就是東南亞了，東南亞有十個國家，即是東盟（Association of Southeast Asian Nations, ASEAN），現在的東盟（東協十國）主席國是馬來西亞（2015 – 2017），馬國有一個先天優勢，麻六甲海峽就在馬來西亞。它有二千多萬人口，其中華人佔了三分之一，又是中華文化在海外保留最好的地區，所以馬來西亞會成為中國最重要的示範國。在東南亞十國裡，最多人口的國家是印尼，可是馬來西亞人口和印尼相比，卻是不到印尼的十分之一，但是中國大陸與馬來西亞以及印尼的貿易額，馬國卻是比印尼大很多，是中國在東南亞各國中最大的貿易國家。原因是有，第一，有很多華人參與其政治；第二，麻六甲海峽地理位置很重要，歷史原因，鄭和下南洋，再加上中華文化的保存，這個足以證明中華文化可以在世界各地保存，馬國是信奉伊斯蘭教的國家，卻對其他宗教非常尊重的，這是很難得的，馬來西亞對各種族和民族兼容並收，成為多元文化國家的模範，有「迷你亞洲」之稱。

馬國也同樣是英國殖民國家，所以它的教育體系是英國留下的，系統非常完整。對中國而言，進軍東南亞國家，馬國是最好的跳板。以馬來西亞為基本跳板往南向走，是澳洲、紐西蘭，從馬國往西向走，非洲、歐洲，所以馬國是一個特點。

　　中國要走「一帶一路、互聯互通」策略，東協（東盟）則是中國最方便的地點，預計在2020年，中國與東協的鐵路就要通車了，從雲南昆明搭乘高鐵，九個小時就可以到吉隆坡了，十個小時就可以到新加坡了，如同一日生活圈，這是一件很恐怖的事。一旦通車了，他們的房地產一定漲得非常快，「一帶一路、互聯互通」可以把生產製造帶出去，相對的，原料、物料一定可以便利取得，這是一必然的結果。

　　而發展「一帶一路、互聯互通」需要經費，建設要經費，所以就成立了「亞洲基礎設施投資銀行（亞投行）」。世界各地的資金都往這裡集合，它與亞洲銀行、世界銀行並駕齊驅。為了取得股權，世界各個大國，德國、英國等都同意參與。看重它在一帶一路的周邊國家的建設發展，並從中獲得紅利。而台灣在講「南向政策」，東南亞也是一重要的跳板，所以也做了同樣的布局。因此近年來，馬來西亞的房地產不斷上漲，在台灣市場，有很多地產商帶人去東協看房、置產等等，都是如此。

　　我對於一帶一路的看法是，不管你做任何投資、企業經營，都要有國際觀，要懂得分散風險的觀念；2003年發生SARS事件，房地產價格崩跌，如今又回到市場上漲。當時代機會來的時候是很重要的，2002年我在上海置產，2003 年發生SARS事件，中國大陸是疫區，讓上海房市慘跌，而當時馬來西亞非疫區，我在馬國的房產並沒有受到影響。我要說的是，要懂得周全的布局，東邊黯淡，西邊亮，不要把雞蛋全部放在一個籃子裡，布局是很重要的。

　　1992年鄧小平南巡來到深圳，深圳當時是一個小漁村，沒有太多建設，二十幾年來，深圳已經成為中國大陸非常重要的地方，同時也是聚集最多「創客」的地方。深圳是「創客」深耕的地方，雖然以前是山寨的地方，到處都是copy版手機，從一個山寨城市，發展到現在「創客」創

業的地方，它的轉變速度是非常快的。習近平發展「一帶一路、互聯互通」，已經不再只是國內的，而是推升到國際面向的開拓。在中國，人是決定一切重要的因素，中央領導人的思維是什麼，想要做什麼，大家就跟隨著一起做。所以跟著鄧小平去深圳、跟著習近平走「一帶一路」就對了，連結兩岸與「一帶一路」相關國家的產業發展，就是你創業發展的方向。

 03 方向不對，努力白費

　　有很多人說自己很努力，但我必須說，努力不一定有用，但是不努力肯定沒用，因為如果你的努力方向錯了，一切都是白費。假設你出門旅遊決定搭乘火車，你是想要北上的，卻坐上往南的火車，因為方向走錯了，所以你永遠也到達不了你的目的地。所以說，努力也得看情況，別瞎努力，要用對地方。

　　對於現在的企業來說，最大的挑戰是，你比別人努力，但是卻不懂得運用資本力量，還是沒有用，這是很現實的問題。因此，你的努力是一定要有的，但在這資本優先的時代，別人可以很快就有比你多二十倍、三十倍的資金來創造更遠大的未來。也許目前你的資金可能比別人多，但如果行動得比別人慢，還是不行。

　　以投資角度來看，在我十八歲那年，我的母親手上有八十萬台幣，我的阿姨手上有二十萬台幣，她們準備用這筆錢來買房子，買房子需要一百萬，於是我阿姨向銀行貸款了八十萬，先買了房子；而我的母親，她手中的存款有八十萬，其實只需要向銀行貸個二十萬就可買房子，但是她最後沒買，因為她不想欠銀行錢。就因為不想欠銀行錢，所以房子沒買成。當年那棟房子價值一百萬元，如今它已經翻了好幾倍，市值達一千多萬元，這段時間是台灣房地產起飛最快、最繁榮的時刻。而我的阿姨，原本欠銀行八十萬，現在他們卻擁有一間價值一千二百萬的房子，只是因為理財方向的錯誤——一個不想欠銀行錢，一個懂得向銀行借錢。結果，懂得向銀行借錢的人，擁有一千二百萬的資產，沒有欠銀行錢的人，卻多了一千二

百萬的負債，因為你必須用一千二百萬元才能買到這間房子。

　　以上的例子明白地告訴我們：在企業裡做事，方向很重要，有時候我們會習慣用傳統的思考模式，以至於沒有走對方向。再者，當所有人都在使用網路的時候，傳統企業通常不會想到要去利用網路做些改變。但如今在這個網路發達的世代，如果你沒有進入物聯網領域，就沒有互聯網的概念。假設一個物流業者，它沒有建立一個與物聯網、互聯網結合的基本服務網絡，這樣的物流公司幾乎沒有人要委託它送件，是沒什麼競爭力的，因為當時代在改變時，是非常快速的。

如何找到正確方向

　　要如何找到正確方向？我的建議有三大方向——

1.鐘擺效應

　　「鐘擺效應」是我們判斷趨勢的方式之一，以前的老時鐘下方有個鐘擺，當鐘擺擺到左邊時，它是累積了足夠能量準備擺盪到右邊，再當鐘擺擺盪到右邊時，它又累積了足夠的能量要擺回左邊，這代表著鐘擺的另一端是下一個趨勢的開端。

　　例如：以前大家都喜歡往都市跑，都市待久了，大家又喜歡返璞歸真的鄉下生活，而往市郊跑，這是一個重要的方向。趨勢是下一個政策的開端。

2.時間差

　　比如說有個東西，它在美國市場已經有了，由於我知道下一波流行地方會在哪裡，我會先去那個地方卡位，再定位，等到別人要進入這市場已經遲了，因為這裡的市場已經屬於我的，我是跑在最前端的人。到中國大陸最早的速食店是肯德基，後來是麥當勞，但是肯德基、麥當勞都是在北

京、上海、廣州……等這一類一級大城市設立店面，一進入這些地方，都很受歡迎。另一快速連鎖餐飲店是台商經營的叫德克士炸雞連鎖餐飲，他們也一樣賺了很多錢，為什麼？因為他們的發展策略是到三級城市設點、設店，由於時間差的效應，在別的地方已經有了，但是在這個地方還沒有，我先卡位，再定位，就會是下一個機會的開始。

3.留意政策

在中國，政策就是趨勢，趨勢就是商機。中國政府決定要做的事，一定是全力以赴，像是「大眾創業，萬眾創新」，大家都去創業，這就是政策決定了一切趨勢。另一個例子，在兩岸戒急用忍時期，我們錯過了大陸最佳發展的時機點，錯過了就可惜了。而在早年兩岸可三通的時候，如果你懂得把握這個政策方向，在宣導階段，先行動、先卡位，你的機會就比別人更大。在中國，我們認為創業者是一股潮流，於是在2008年，在陝西正式成立了創業學校，當時跟政府申請立案，取得經營許可執照，是我們實踐家集團在中國第一所提供創業培訓的學校，我就是先在陝西卡位，現在我比任何人都要最早講大眾創業，機會是不是比別人大很多。在中國，大家都很重視創業形成一股創業風，可是在馬來西亞、東協（東盟）還沒有這種氛圍，所以實踐家就先去那裡卡位設點，不斷地在當地宣導創業概念，最後馬來西亞拉曼大學（UniversitiTunku Abdul Rahman）提供大樓作為我們的創業孵化器，創立了創業學院。所以要多多關注相關的政策、方向，才能比別人早一步取得商機。

04 政策就是趨勢

　　在西方社會裡，各種趨勢流行往往是先從社會，由下往上帶動而成，民間重視環保概念，提倡各種的環保活動，形成國家政策，所以是趨勢形成政策。在東方社會裡，卻是相反的，先有國家的政策，然後推行至民間。因此，在東方的情況是政策就是趨勢，一切都是由國家制定政策的。

　　你必須瞭解政策就是趨勢，趨勢就是商機，我前面提到「一帶一路，互聯互通」等，理由很簡單，因為我的錢都是從政策抓出來的，只要你比別人更先瞭解資訊、能更快卡位，就會有很多機會出現。因為政策即是趨勢，趨勢就是商機。

從政策中找商機

　　任何一個大的商機出現的時候，總是有先知先覺、後知後覺和不知不覺的三種人，而機會總是給那些先知先覺者。我們都知道，中國市場是一個受政策影響很大的市場，每當一個新的政策推出時，都會引起一波商機。如果你能抓住這個商機，就能站在領頭的位置。例如，中國政府推出了新的汽車產業政策，鼓勵私人投資停車場、允許開設二手車專賣店等。因中國自有車變多了，停車場的生意也跟著火紅了，新政策將鼓勵個人、企業投資建設停車場，這樣個人又多了一個不錯的投資選擇；新政策鼓勵二手車交易，所以二手車專賣店很快就會在中國發展起來。此外，新的汽車產業政策鼓勵個人投資停車場，對於IT業來說，也是一個機會，因為隨著停車場的增多，停車場的設備，如自動化門禁系統、全自動收費機、智

慧型停車場管理系統、通道管理系統等的需求也會隨之增多；所以在專門供應停車場所需的軟硬體設備方面，同樣是商機無限。利用政策創業也要搶時機，如果不抓住時機，當大家對政策中蘊藏的創業機會都瞭如指掌的時候再進入，門檻就高了，成功機會也就大大縮小。

中國國家主席習近平剛上任時，強調「中國夢」，其核心概念「文化的中國」、「開創文化產業，恢復中國文化」，全中國的各種基地都在做文創性產業，也就是各種政策都是為了支持文創產業，只要你申請工廠、公司是從事文創業者，其創業所需要的土地、辦公大樓、資金等等，政府提供了各種的優惠方案，目的就是要全面恢復文化。近一、二年，大陸流行談創業，政府政策全面支持創業孵化器（台灣稱育成中心），只要任何機構設有創業孵化器的，就能獲得國家很好的補助，所以，政策真的決定了一切趨勢、商機。大陸有個單位叫「中央巡查組」，中央推行「打擊貪腐」政策，一旦「中央巡查組」進駐到某單位時，代表這裡有貪官要落網了。而現在他們談「創業」這件事，也讓「中央巡查組」到各地去，希望能塑造一個沒有貪官存在的環境，讓大家能夠全力去從事創業相關事務，這也表示中央政府非常重視「創業」政策，讓所有人能夠創業、永續發展。

一個有能力的國家領導人，在事情尚未發生問題時，就能夠提早解決問題，能力差的領導者，常常在問題發生了，才一一去處理、善後。目前中國的經濟放緩，失業率無可避免地會升高，失業率提高了，就變成社會問題，所以，聰明的政府是透過各種政策推行，鼓勵大眾創業，自行創業者多的時候，自然就減少失業率的問題。令人擔憂的是，大陸的很多年輕人紛紛投入創業，且政府提出各式各樣有關創業的政策，而台灣的年輕人，仍在想著22Ｋ、25K的保護環境下，未來只能訓練一批打工者去幫別

人打工，台灣的策略只談「就業」，大陸則是談「創業」，兩岸政策重點不同，就決定了兩岸的未來發展將會有所不同。

現在一些政府部門為鼓勵自主創業推出了很多優惠政策，創業者應該多加留意，有創業諮詢專家表示，不少符合稅收優惠政策的創業者沒有用足、用在提升自己的優勢上，甚至錯過稅務優惠申報時限，實在是很可惜。如果對優惠政策不關注或不了解，以至於白白錯失了很多政府部門提供的「省錢」機會，會是一種損失。

「互聯網＋」連接一切

近年來中國火紅的「互聯網＋」，我們跟上潮流了嗎？

「互聯網＋」的概念，經過中國總理李克強今年的政府工作報告已經紅遍中國大江南北。其大力推動「大眾創業、萬眾創新，互聯網＋」，積極發展制定「互聯網＋」行動計畫，推動移動互聯網（行動網路）、雲端運算、大數據、物聯網等與現代製造業結合。就是把互聯網運用到傳統行業中，如互聯網＋交通、醫療、汽車……等。可見「互聯網＋」商機無限！

中國代表性社群網站「人人網」創辦人王興說：「無論從事什麼行業，一旦你認為自己的行業跟互聯網（Internet）沒什麼關係，再過一、兩年這個行業就跟你沒關係了。」馬化騰早前亦曾說：「移動互聯網（行動網路）就像電一樣，每個行業都可以拿來用。」

今天的中國，在「大眾創業、萬眾創新」氛圍下，沒有任何一個時代比現在更好；未來30年，網際網路中存在著如「互聯網＋」和「互聯網應用」等機會，而我們每天的食衣住行育樂所衍生出的各項產業，又如何與互聯網相加，創造無限商機與無限可能呢？

什麼是「互聯網＋」？

互聯網（Internet），又稱網際網路，是目前世界上最大的電腦網路。所謂「互聯網＋」行動，就是互聯網加到傳統行業中進行深度融合，是傳統產業創新的驅動力。根據騰訊馬化騰解釋：「簡單地說，就是以網

路平台為基礎，利用資訊通信技術與各行業進行跨界融合。比如大家比較熟悉的線上學習，就是『互聯網＋教育』的產物。」未來所有的企業都將是網路企業，因為網路無所不在。

所謂「互聯網＋」，「＋」指的是「連結」，即連結各行各業，也就是「互聯網＋某行業」，如互聯網＋金融、互聯網＋製造、互聯網＋物流、互聯網＋醫療、互聯網＋教育、互聯網＋零售。市場上目前亦已產生多種「互聯網＋」產品或服務。例如「互聯網＋通訊」就是即時通訊，如Line、微信、QQ等，「互聯網＋零售」就是電子商務，如Yahoo超級商城、PChome線上購物、淘寶、京東等，「互聯網＋叫車」就是叫車服務App、「Uber優步」等，均是「互聯網＋傳統產業」的結果。

「互聯網＋」的「＋」，包含了以下幾個概念：

1. 連結，聯盟，生態圈。如電商與百貨聯盟，如雅虎建立網路生態圈，都是一種＋。

2. 跨網路連結，如行動＋物聯網。

3. 產業互聯網化，運用互聯網的所有能力加速創新。

4. 連結一切，人可與世界各角落連結，突破時空障礙。如微信的「連結一切」。

「互聯網＋」是以互聯網技術為基礎，再加上其優惠的價格、便捷的操作、舒適的體驗，來贏得巨量消費者。是用互聯網的哲學，互聯網的思維去指導一個產品或傳統行業如何做產品，改變它的產品體驗，改變它看待使用者的方式，改變它跟使用者的連接方式，改變商業模式，從而讓資源真正重新配置，產生化學反應甚至乘數的效果。其爆發力往往令互聯網企業自己也始料未及，比如，網上購物、網上看新聞、網上金融……均是如此。

 連結，是改變一切的力量

隨著行動網路（Mobile Internet，移動互聯網）的興起與普及，越來越多的實體、個人、設備都連接在一起了，改變了人們的生活。現在人手一支手機，跨越了過去一定要有電腦才能購物的障礙，讓這個跨境電商的門檻大幅降低，商品的流通更順暢。由於我們隨時、隨處，都連著網路，不論是透過手機、平板還是筆記型電腦，資訊無處不在，隨時隨地都能連結，吃飯、等公車、搭捷運的時候可以看手機新聞、讀電子書，連上廁所也能滑開手機看看朋友傳來的短訊，用Line和WeChat（微信）和家人朋友聊天。於是資源和產品不再稀缺，在網路世界裡，發布一個產品是件輕鬆的事。也因為互聯網消除時間和空間的限制，市場變成了整個世界而不再是某區域。

《時代週刊》曾經做過一項調查，讓受訪民眾針對每天上班帶「錢包和手機」或「午餐和手機」之間進行二選一，結果顯示，44%的人選擇手機而不是錢包，66%的人選擇手機而不是午餐；另外，68%的成年人表示他們睡覺時會將手機放在床邊；89%的人說他們每天都離不開手機，一天沒有手機，都會感覺很不自在，幾乎隨時隨地都要帶上它。相對於桌機電腦上網，我們每天的上線時間再長，最多就八個小時，甚至五個小時，而手機隨便也有十幾個小時吧。這就是為什麼PC互聯網時代沒有那麼大的力量，PC互聯網其實沒有把人連起來，只是把電腦連起來了。電腦只是一個工具，它最多改變了資訊傳播的方式；行動網路就不一樣，手機是行動的設備，它把每個人連起來以後，這個網更大了，不僅時間更長，手機裡還有感測器，能拍照，能錄音……產生更多的資訊。可以說微信等通訊軟體真正把人連在一起了，人與企業距離變短了，人成為信息生產者及傳

播者，人與人之間隨時隨地進行溝通，用戶口碑日益被重視。

互聯網不再只是垂直行業。互聯網正在快速改變很多行業，對很多行業帶來摧毀和重塑。網路興起並引爆這麼大的影響，就是因為它把很多東西連在了一起。

無論是互聯網還是未來的IoT（物聯網Internet of Things），最核心的本質，背後的力量都是——連結（Connection）。你要考慮你的產品如何能加入到連接的網路裡來，你的產品如何能真正把很多東西連在一起。這個東西可以是人、可以是企業、可以是everything，只有理解了連接，才會理解為什麼很多行業會被顛覆。舉例：自從有了Line、微信等通訊App後，人們已經很少用手機發簡訊了。以微信、Line 為首的即時通訊App大量蠶食了中國移動、中華電信等電信營運商的傳統語音、簡訊業務，讓兩岸電信業者的簡訊服務業務大幅下滑。微信為什麼顛覆了電信營運商呢？而且為什麼至少在一段時間裡看起來是不可戰勝的呢？因為微信改變了用戶和電信商之間的連接關係，它解決了我們每個人的連接問題。然而發生在電信行業的故事，正在銀行業上演，也給傳統銀行帶來了極大的威脅。

「互聯網＋」的發展方向

在全民創業的浪潮席捲下，「互聯網＋」的推出更是猶如一針興奮劑，打在了每一個創業者和投資者身上，將給各行各業帶來創新與發展的機會。同時也帶動更多的跨界融合，傳統產業與資訊產業互聯互通，相互融合，產生了新的市場需求，新的力量和再生的能力，推動傳統產業發展新的業態，催生了很多創新的產品與服務，還有新的商業模式。

在互聯網時代，出現了許多殺手級的產品和應用，它們顛覆了傳統產

業。在叫車軟體出現以前，人們叫車往往需要被動地等待一段時間，你不確定何時才能招到一台計程車，尤其早晚上下班的尖峰時段或下雨天更是一車難求。在大陸像是「滴滴打車」、「滴滴出行」就很火紅，經常往來大陸工作與出差的朋友，對此一定不陌生。如果沒有這項服務，在大城市要叫到一台計程車常常是不可能的任務。因為有了手機有了網路連接，「滴滴打車」給了你這樣體驗：它能讓你看著代表著來接你的車的小藍點或者小綠點、小紅點，快速地向你接近；這種感覺太美好了，這是原來你沒有過的體驗。叫車軟體就是利用互聯網的技術改造傳統行業的一個成功典型。它用互聯網的技術以及市場的特性調配了計程車資源，既方便了消費者，又大大提高了計程車的利用效率。

線上訂餐軟體的推出也是一樣的。在外賣軟體出現之前，電話訂購是外賣行業的主要訂餐方式。在顧客真正打電話來訂購這樣行為發生之前，商家通常要先投入大量人力、物力和財力去發放餐點傳單、廣而告之，擴大宣傳。線上訂餐軟體出現後，這些問題迎刃而解。從本質上來說，它解決的是商家與消費者之間資訊不對稱的「痛點」。顧客利用現在的線上訂餐軟體不僅可以實現電腦接收訂單，還可以用手機接收訂餐資訊，例如摩斯漢堡的線上點餐，商家可以隨時發布新的季節餐點，新推出的優惠方案吸引顧客訂購，顧客也能提早預約外帶餐點免去等待時間，還能查閱之前的訂單快速點單，可以說，線上訂餐已經成為外賣行業發展的趨勢。

今天，微信不僅衝擊了電信商的簡訊業績，還衝擊了它們的語音通話業務。目前最牛的行業是什麼？是電信運營商，因為它擁有的又是客戶又是使用者（用戶）——你每個月交電話費，買資費套餐，這時你是客戶；你每天在打電話，發簡訊，上網離不開它的服務，你又是使用者。那為什麼電信業者還是漸漸被邊緣化了呢？因為有了微信的免費網路電話、短訊

的服務，導致電信商的電話費、簡訊收入下降了。最致命的是，每天你手機裡用的是大量的協力廠商公司的產品，你和電信商之間被以微信為主的各種互聯網服務隔離了，你跟電信運營商的距離越來越遠。

所以以後，大家跟電信商之間就沒了用戶關係了，只剩下客戶關係。甚至你連門市都不用去，只要在網上繳費、充值就行了。如果以後免費Wi-Fi無處不在，那就連SIM卡都不要了。

因此若透過現象看本質：將來離用戶最近的，使用時間最長，黏度最高的廠商是最有價值的，只要有了用戶，所有你想得到，想不到的，都可以做，這就是用戶的力量。

「互聯網＋」最重要的是要轉換一個概念，就是要有「用戶思維，而不是客戶思維」。「互聯網＋」中，強調用戶而不是客戶，客戶是購買了你的商品，而用戶只是使用未必一定購買，比如Google，我們在上面搜索資訊是免費的，而在上面打廣告則是Google的客戶。

什麼是用戶？有幾個特徵——

1、不見得對你有付費的行為

2、要經常使用你服務或產品

3、一定要直接跟你連接與你定期有交流

舉例，來自美國的「Uber」叫車服務，只要透過你的手機App，立刻可預約雙B等級轎車，接送你到任何你要去的地點，下車更不必掏錢付現金，行車路線與計價，都將在行程完成之後，以電子郵件的方式寄送至你的信箱，車資也會自動從信用卡支付。「Uber」改變了叫計程車的模式，解決了兩個問題：叫計程車是不是必需的？叫不到車是不是消費者的痛點？它解決了一部分用戶，或80%的用戶高頻的剛需（Rigid Demand，剛性需求：相對於彈性需求，指商品供求關係中受價格影響較

小的需求，一般是指必需品）和痛點，跟用戶建立了連結，也改變了所有開車司機的連接。以前用戶和計程車司機有連接嗎？沒有。計程車司機會向叫車軟體付費嗎？打車的人會向叫車軟體付錢嗎？沒有一個人是叫車軟體的客戶。但是現在乘客和計程車司機都跟叫車軟體建立連結後，它就有了這麼多用戶，所以，當所有的計程車公司，或者有計程車的人，最後都會成為叫車軟體公司的客戶。這個前提，就是它連結了很多用戶。Uber為什麼能成為全球最大的「不租車的租車公司」，是因為他改變了連結關係。

你要創業，要創新時，一定要做未來的事情。未來應該是屬那些擅用「互聯網＋」跨界能力進行創新，在網路領域掌握傳統企業，在傳統產業掌握網路的人。而要實現互聯網的融合，要結合互聯網化和傳統產業，需要把旁人不相關的領域、難題和想法結合，從而發現新的方向，往往在多學科和領域交錯的時候，就會產生創新的想法。你要很實際地去想：我要做的東西，或者我已經做的東西，用戶是什麼樣人？使用者在用我的產品的時候，會遇到什麼問題？有什麼問題是競爭對手沒有解決的？那對我來說可能就是一個機會。有什麼問題我做得不好，但我還可以做得更好？這代表著其中有創新的機會。很多創新不是從企業自身的角度出發，而是從改善用戶的體驗出發。有時候企業覺得很不起眼的創新，卻能給用戶帶來全新的感覺和衝擊。打動用戶的心，這是一個切入點，這個切入點找不到，所有的動作都是空談。

目前互聯網＋在中國正帶來三大變化：

1.重塑現實供需，產業鏈被拉長

互聯網變成資訊能量，像水、電、煤一樣來重塑現實社會中的供需關係。

　　互聯網產業鏈從單純的線上向線下延伸，例如電子商城向上游商品定制和下游物流倉儲延伸；隨著產業鏈拉長，包含的參與方增多，也使得新一輪的互聯網競爭不再是單體的競爭，而是產業鏈/生態系的競爭。

　　一樣都是網上賣書，當當網為什麼輸給了京東，為什麼京東商城能成功超越曾經流量第一的當當網。

　　對當當網而言，考慮的是賣一本書可以賺多少錢，而對京東商城而言，圖書的定位是作為電子商務主動搜索消費頻率最高的標準品。如果賣一本書虧損5元，但可以帶來一個有效註冊用戶，遠低於透過行銷策略去獲得一個用戶的成本，這個生意就非常值了。另外，京東基於對實體零售整個核心關鍵點的認知和理解，選擇用互聯網的方式，提供更好的服務：京東自建線下物流，如今快速穩定可信任的物流已成為京東體系最核心的競爭力之一。而當當網卻堅持「有錢也不自建物流」，業務侷限於線上，則進一步限縮了當當平台的可拓展空間。

2.參與人群由極客演變為線上線下複合型人才

　　互聯網與現實的結合，使得參與到互聯網中的人群也由第一代的極客（geek，俗稱發燒友或怪傑），變成了同時對原有線下產業和互聯網有認知的人。可參與人群的擴大，使得創業門檻大大降低，互聯網驅動了全民創業成為可能。

3.商業模式多種多樣

　　不再只是簡單的流量變現模式，而是根據不同滲透行業會演繹出不同的商業模式；更廣泛的參與加上更普遍的行業滲透帶來商業模式的多樣化。儘管模式多樣，核心的大方向是兩個：向上發展的雲端和大數據，以及向下發展的O2O。不同的發展方向對應不同類型勝出的公司。

　　雲端和大數據是巨頭生態圈的遊戲，BAT（是大陸網友對百度、阿

里巴巴、騰訊的簡稱）早已明瞭；而向下發展的O2O則帶來大量的新領域龍頭崛起的機會。

・向上發展：雲端和大數據

平台型互聯網企業具備向上發展的潛力。作為「基礎設施」，資料&雲的量級與其價值呈指數相關，因此這是「大公司」的遊戲。有機會參與到這個發展方向的是平台級的大企業，如百度、阿里巴巴、騰訊、樂視、小米、京東。雲端和大數據領域將會誕生千億美金級的公司，並圍繞這些公司形成一系列生態圈。

・向下延伸：O2O

O2O（Online to Offline）最初是描述「線上集客，線下消費」的經濟行為模式，經過時間演化，各種融合線上線下的企圖，皆可稱為O2O。即用互聯網對「服務員」進行改造，叫車服務、訂餐，均是。

O2O不是一個行業，而是一種模式，通過網路/行動網路深入現實產業鏈中，提升效率，解決痛點，數倍放大市場。例如，霍華德（Howard D. Schultz）重回星巴克擔任CEO時，他定下的星巴克發展新出路是——顧客想往哪裡，星巴克就要去哪裡。在顧客的推動下，擁抱數位化，依靠互聯網創造的第四空間。霍華德敏銳地預見到，此時的消費者期待無縫的O2O，即線上到線下的體驗。因此他堅決投資IT基礎建設，果斷建立新型的改革體制，以求帶領星巴克進入數位化新時代。星巴克還透過網上社區（Online）鼓勵消費者提出建議，並在線下門店（Offline）做出相應調整與改善，這使星巴克重新回到了快速發展的軌道，也建立了其在年輕消費者心目中的品牌形象。在全球經濟最嚴峻的衰退期中，星巴克的業績卻依然能逆流而上。

「互聯網＋」實踐、發展的核心落實在「連接現實世界」、「提供更

好更便捷的服務」。因此，那些原有服務痛點多、資訊不透明、缺乏信用體系、或存在政策限制，導致整個行業發展不成熟、行業集中度低，這類行業我們稱之為「心塞行業」；比較典型的有裝修、金融、汽車售後服務、教育、醫療等，其首要需求是利用互聯網來改善原有行業的痛點。由於原有產業嗅覺靈敏者學習互聯網的成本，會比純互聯網人學習該行業成本低，這時能勝出的企業往往是原有行業的領先者。這類企業在傳統領域耕耘多年，對行業痛點充分瞭解，後端能力強，輔以互聯網的工具，將獲得更大機會。

在中國大陸，一個照護女性經期的手機App，可以輕鬆募得9億台幣；另外一個讓網友線上諮詢疾病的平台，也成功拿到21億的資金。中國大陸的醫療保健產業最大問題是沒有全民健保，「看病難，看病貴」。醫療資源無法滿足需求，區域配置也不均，八成資源集中在城市，生病不只要人命，更可能拖垮家庭的經濟。「互聯網＋醫療」恰好是解藥，有助於解決醫療資源的不均。其實已有越來越多大陸人透過手機App掛號、看病、付費。「互聯網＋醫療」新商機正在浮現。

因為跨界融合，連接了一切，而無所不在的連結，讓資訊無處不在！以前消費者購買商品是被動的，比較沒有主導權，可是隨著網路的普及和各種網路論壇的出現，隨處可見的開箱文、體驗分享，讓消費者容易取得商品真實的資訊，消費者變得越來越主動。自從有了臉書、部落格、Line、微博、微信這樣的社交工具，只要有人批評某樣產品太差，或者對一間民宿或餐廳不滿意，成百上千的朋友都能同時看到。而且他們越來越重視親身體驗，什麼東西好、什麼東西差，也都很樂意去分享、去推薦。

在行動網路時代，硬體廠商關注的不應該只是硬體，還要想怎麼跟

軟體整合。未來絕大多數產品，特別是3C產品，除了蘋果之外，賣硬體賺錢的機會都會越來越沒有了。用戶不在乎用哪一個裝置上 Facebook、Twitter、Line、微博、微信、QQ，他們真正在乎的是，當他們隨時隨處想要看的時候，這些裝置能不能快速又優雅地幫他們把資訊帶到身邊。以後很多設備都只會變成連接，只有將使用者、客戶和廠商重新建立聯繫，才能用連接去重塑商業模式，抓住每一個創新發展的機會。

06 大數據：巨量資料裡的秘密

　　大數據（Big data），或稱巨量資料、海量資料、大資料，指的是所涉及的資料量規模巨大到無法透過人工，在合理時間內達到擷取、管理、處理、並整理成為人類所能解讀的形式的資訊。具有大量、多樣、即時、不確定等特性，而這些巨量資料中，往往蘊含創新的商機或增加企業獲利的資訊。

　　《大數據（Big data：a revolution that will transform how we live, work, and think）》這本書提到一個很重要的概念，過去是從假設到資料分析的時代，先設定問題再來找答案。例如，一個碩士生，是先決定要做什麼論文，論文首先要有一假設，假設產後憂鬱症對於什麼是有幫助的，有影響的，然後再針對這個假設去找資料，找了資料後要去驗證，去分析，整個動作就是為了要證明你的假設是正確的，萬一你歷經實驗、驗證、分析，一路做到最後，卻發現這個假設是錯的，結果就是你之前的資料蒐集等於是白費工夫。

　　《大數據》作者麥爾荀伯格（Viktor Mayer-Schönberger）說，這個時代改變了這樣的做法。現在的做法是，首先搜集資料，然後針對資料做分析，從分析中發現問題，然後再擬定假設，最後才得到答案。作者舉了「照相」來做說明：以前照相時會有一焦點，焦點如果放在圖像的前面，影像是模糊的，焦點放在後面，影像才會清楚，因為我們以前搜集的只有一種依據，而現在我們有大數據相機，當你拍攝時，相機裡面已經儲存了非常多的經驗數據，你可以任意調整，你變成了主角，在搜集資料階段，

便廣泛地搜集了各種資料，但是在搜集的時候你還沒有想好這些資料要用來做什麼。

另一例子：東歐國家，如何知道這國家的產能提升了？國家的工作產能提升，是透過賣咖啡數量而得知的，因為歐洲人愛喝咖啡，工廠工人每天到工廠上班時，工廠設有咖啡機賣咖啡給工人，以前的咖啡機是沒有提供數據的，所以只要咖啡機裡沒水、沒有咖啡豆了，工人們就沒咖啡可以買了，必須等咖啡豆、水補上了才有咖啡喝，而如今卻不同了，物聯網加上互聯網的時代來了，每一臺咖啡機都裝有芯片，儲存了非常多資料，紀錄著這台機器賣了多少杯咖啡？剩下多少杯可賣？公司總部的電腦透過網路連結咖啡機裡的資料，馬上就會知道哪台咖啡機需要補充水、咖啡，會將資料自動輸入，在水、咖啡用完之前就補給好備貨。而之所以能知道東歐這個國家產能提升，是因為發現某區域的工廠工人喝咖啡次數增加了，喝咖啡的人數增加了，這些數字增加的背後代表著有大量的工人來工作了，就是利用這些資料反推出這個地方產能提升了。所以，在大數據時代，從不同角度搜集到的資料去驗證到另一個死角的現象，這是很有可能。所以你要廣泛、不問目的地蒐集有意義的資料。

被稱為「中國教育資訊服務第1股」的全通教育，股價節節走高，因為全通教育剛好搭上了近來A股熱門的「互聯網+」與「重組」兩個概念。去年的營業額是一億五千萬人民幣，今年公司的股票市值（IPO）高達七百多倍，全通教育上市之初，主要收入來自網站服務「校訊通」，該產品屬於電信商中國移動旗下品牌，為中小學及學生家長提供雙向溝通互動平台。因為它擁有一千多萬個小學生的家長電話資料，舉凡學校的功課、各種公告訊息……，都是透過App「校訊通」與家長聯繫，甚至學生的文具、筆記本等等的需求，都是透過「校訊通」與家長聯繫，由於這平

台有一千萬筆學生資料，藉由資料轉化率，知道有多少會員做了成交、或是有哪些做成了第二次的成交……，這些數據是值錢的。

又像是App「滴滴打車」，是一個叫車服務網，有阿里巴巴、騰訊支持，有補助叫車者，只要你叫車，乘客就有優惠補助10元人民幣，司機也有補助10元人民幣，這趟行車共補助了20元，為何要大量補助？當然是為了要有數據。為了要知道你的出門習慣、知道你在哪裡叫車的機率最高、從哪裡到哪裡、知道計程車的行經路線如何跑、哪些地方跑最多次，知道計程車已經習慣我的系統後，可以推出後續的服務，無數的後續服務……。現在有很多人砸下大量資金投入大數據，建立大數據，無論是大公司、小公司，都要蒐集大數據，無邊界的搜集資料，未來就可能用得到。

再舉例，為了提醒人們維持每天健走，手上都會配戴一款智慧型健康手環。美國在一兩月前有地震，CNN、氣象局還沒公佈地震前，這家做智慧型健康手環公司就知道有地震發生，為什麼會這麼神奇呢？因為健康手環有一種睡眠偵測的功能，只要透過App就能清楚知道自己到底睡得如何，休息得好不好、是深層還是淺層睡眠。所以當地震發生時，配戴手環的人驚醒了，這家公司比任何機構都要提早知道有地震發生。未來是會因為大數據而改變的，因此台灣的東吳大學順應趨勢成立了一個巨量資料管理學院。

在大家的認知裡，大數據是一種科學，然而《大數據》的作者卻是位律師，可見數據是跨界的。律師因為業務需要必須蒐集很多資料、證據，再從這些資料、證據裡做分析，去發現更多的蛛絲馬跡，所以《大數據》的作者是位律師，是一件很有意義的事。

在這個時代，公司最重要的東西要能妥善保存、分析資料。公司最重

要的、最有價值就是過往經驗的保存，所以公司應該多加善用四種方法來保存資料，即：圖像化、影像化、音像化以及文字化。舉例來說，一家公司裡的頂尖業務員，他的銷售經驗是非常寶貴的，在以前是無法真正將他的經驗保存下來，如今不一樣了，有了軟硬體設施的輔助，就能將每週銷售會議上各個業務員銷售經驗的分享錄音下來、錄影下來，這樣影像資料就有了，音像資料也有了，利用文字記錄會議，文字資料也沒問題，銷售員再提供相關的照片及圖表，這就是圖像資料，累積一段時間，公司的資料庫裡就會有很多案例、經驗可參考，對公司來說，這是很重要、很珍貴的資料。

在大數據時代，你要把所有資料做分析，同時廣泛搜集更多的數據。現在有很多方法，像是QR二維碼，「微信」裡有很多QR二維碼，你可能成為五星級、六星級的美容院、按摩院的會員，為何？因為五星級的美容院可能是六星級按摩院的合作會員，也就是說，你在美髮院刷了按摩院的QR二維條碼，美髮院的支付平台後端就有與按摩院的回饋給美髮院，而你也同時成為按摩院會員。所以，所有的邊界被打破，任何人都可能成為任何公司的代理商，任何人都可能幫到任何人，任何人的數據都可以與任何人分享。因為數據共享的結果，只要你願意用開放的精神，開放你的共享數據，就會形成一種更大的數據網絡。任何的大數據都是從很多數據做起，互補性更高。所以，所有小數據連結而串起大數據，這是件很有趣的事。

07 物聯網：萬物聯網的未來

物聯網被稱為繼電腦、網際網路之後的第三波資訊革命。物聯網（Internet of Things，縮寫IoT）是互聯網、傳統電信網等資訊承載體，讓所有能行使獨立功能的普通物體實現互聯互通的網路。

為什麼會有物聯網？因為有大數據。首先，包含以下三個階段才稱得上大數據：一、統計分析；二、預測和推薦；三、智能優化。統計分析是目前為止一般民眾對於大數據的理解，而後兩者需要大量且不間斷的數據蒐集和分類，才能夠幫助管理人員提供有效的預測或推薦，再基於多年的實施結果，不斷地蒐集案例，最終提供自動優化和分配資源的能力。基本上越精細的資料反饋就會讓分析統計的精準度越高。

全世界人口約七十多億，但全球存在的物件數量則遠遠超過人口數，物聯網的終極目標就是把所有的「人」與「物」全部都跟網路連線，進而發展出各式各樣的創新或延伸應用與服務。基於不同國家有不同的優勢和政策發展，物聯網也在不同的國家有不同的應用。例如最早感知到並且開始啟動的是德國，他們稱之為「工業4.0」，從去年就為其擬定了白皮書，目標是智能的工廠產線；在美國更著重在智慧交通和智能電網，中國則把目標放在智慧城市。

物聯網帶來萬物互聯、機器對機器、智慧控制、數據採集等各種新的可能性，在物聯網上，每個人都可以應用電子標籤將真實的物體上網連結，在物聯網上都可以查出它們的具體位置。通過物聯網可以用中心電腦對機器、設備、人員進行集中管理、控制，也可以對家庭設備、汽車進行

遙控，或是搜尋位置、防止物品被盜等，類似自動化操控系統，同時透過收集這些小事的數據，最後可以聚集成大數據，包含重新設計道路以減少車禍、都市更新、災害預測與犯罪防治、流行病控制等等社會的重大改變。

舉例來說，在醫療照護方面，年長者專用的智慧拖鞋與其他穿戴式裝置內含感測器，可偵測失足以及各種醫療情況。若發生任何狀況，裝置會透過電子郵件或者簡訊通知醫師，如此可避免跌倒的情況並且省下昂貴的急診費用。

車輛藉由物聯網資訊，連結其他在路上行駛的車輛，以及各個地點交通即時情況，並規劃出最省時便利的路線。BMW 與美國通用汽車公司已開發類似車用科技，提醒駕駛胎壓狀況，並提供輔助駕駛系統。

利用 Wi-Fi 與藍牙科技就可以偵測家中空氣品質、水質控管、智慧居家保全，連上班中都可隨時監控家中毛小孩有沒有亂搞蛋。這些功能都不難，只要運用感應器裝置，讓家電全都串連起來，一間房子就是一個可獨立運作的綜合智慧裝置。

ST 與台灣織品品牌南緯紡織底下的AiQ合作，生產含有電子感應器的布料，可以感測體溫、心跳，成為新一代運動服裝潮流，不過也因為含有電子感應器，並不建議丟到洗衣機裡面清洗。

這些物聯網事物正在改變我們和實體世界之間的互動方式，現在我們可以和電視機進行交流，它們之所以能夠聽懂我們的指令，原因在於電視機的內部嵌入了傳感器和聲音處理晶片，因此它們可以透過雲端對指令進行處理。我們在路上駕駛汽車的時候，傳感器可以透過收集在我們手機上的數據，對路況進行評估。現在的健康設備會收集我們的數據並發送給醫生，智慧手錶可以收集我們的脈搏信息並將其發送給相關的人。

　　「工業革命把人變成機器，物聯網革命把機器變成人。」物聯網將現實世界數位化，應用範圍十分廣泛。物聯網能拉近分散的資訊，統整物與物的數位資訊。物聯網的應用領域主要有：運輸和物流領域、健康醫療領域範圍、智慧環境（家庭、辦公、工廠）領域、個人和社會領域等，並將顛覆企業現行商業模式，你我的生活與工作即將面臨巨變。

　　穿戴式裝置、智慧家居、智慧城市，或者是具體一點的 Gogoro電動機車、Apple Watch等都是物聯網的一環。在物聯網趨勢爆發的時代，如何打造一個具備智慧功能的產品，可說是目前最受注目的新商機。

創業心智，態度決定一切

～培養企業家精神與特質

08 從創客開始你創業體驗的旅程

在台灣有聽過「創客」（Maker）嗎？好像很少在談這方面的訊息，現在中國大陸普遍都在講「創客」。

中國的政府部門下發的文件資料也都有談到「創客」、「創客空間」、「眾創空間」。「創客」這名詞，現在中國大陸是非常流行、熱門的。「創客」是英文的「Maker」的翻譯，指那些熱衷於利用新技術將非同凡響的創意轉變為實產品的人。「創客」是指堅信、熱衷親自實踐理想的創意，不以營利為目的人。若說「創客」不以營利為目的是不大可能，事實上，我們所談的「創客」是一種創業、創新的概念，所以他們有所謂「創客空間」，也就是一群有創意的人聚集在一起的地方。

這群「創客」，在家裡有些想法、點子（idea），也許是自我想像的，也許別人也跟你有同樣的想法，這些有創意的工作者或是有創業意願的工作者，他們可聚集在一起，一起思考，一起腦力激盪，一起發展更多的可能與創意，用創意來改變這世界。

這些「創客」可能在白天是領薪者，有自己的工作，晚上在家努力於一些創意想法，往創業的方向努力。他可能在國營企業上班，但他有創造自己事業的想法，所以他就會積極地往創業方向去做準備。「創客」也可能是已經在創業了，卻是因為缺乏立即的財務支持，而一開始沒辦法做很大。

如果能夠把這群創意創業者聚集在一個地方，變成一種文化，所以有了「創客空間」可以提供服務。由於你是獨立的創業者，沒有足夠的法律

知識提供創業條件，「創客空間」提供你需要的服務，如果你沒有足夠資本創業，創客空間可以提供這方面的支持。它與創業孵化器（台灣稱育成中心）有點不同，創業孵化器是說，你已經有一完整的創業計畫，你只需要一步步接受輔導即可步上創業軌道，而「創客空間」是指還停留在「只有想法、點子萌生」的階段。「缺錢、缺人、缺品牌、缺平台」幾乎是所有創業者面臨的問題，但他們又各有資源、各有優勢，於是在這個空間裡創客們能互相鼓勵、互相幫助，打造協同創業的氛圍，這是最有價值的。

「大眾創業、萬眾創新」是一種政策的做法，「創客」和創業孵化器是兩種不同的東西，但是創業孵化器裡面也有很多「創客」，這樣說是比較合理的。「創客」是一群人，創業孵化器是一個空間，我們可以用這樣的角度來解釋。「創客」是一群具有創建精神、不安於現狀的人，想要改變現狀的人，想要創業的人。例如，在紐約叫紐約客、台客……的說法，這樣解釋「創客」就比較單純一點。

事實上，「創客」是成為創業家基礎的一部分。有些「創客」，他只是曾經交流過一些想法，並不一定真的去創業，他有可能幫助、協助別人創業，讓他的想法可以在別人身上實現，所以按照國外對於「創客」的說法是非營利的概念，大家聚在一起思考、想像。我們希望好的「創客」可以晉升、提升自己而成為好的創業家。從「創客」到創業家，「客」聽起來有點像是玩票性質，業餘的感覺。所以我們要從「創客」到創業，他不是一個客人的身份，而是一創業家的身份。

從一般的「創客」到真正的創業家的過程，是我們可以實現、翻越的。在Google、百度裡搜尋一下，你可以找到很多有關「創客」的說明，比我們的解釋還多。我個人在此想要表達的是，每個人至少可以先由遊客的身份做起，把創業當做一種遊戲做起，如果你可以把創業當做一種

遊戲，至少可以實際領略、體會創業的精神，而不是只是想像而已。

讓創業的夢想勇敢實現

如果你今天願意開始你的創業旅程，有讓自己當一個「創客」的準備。用「創客」的精神去創造世界，有時候那是一種蒐集旅程碑，也或許把它當作一種風景去看待。很多人怕創業，如果把創業當成遊戲來做，是不是比較不會害怕、擔心，以一種體驗的心情去創業，讓自己有更開闊的胸襟及異想不到體驗。我們可以把創業當做是一種旅程，把自己當做遊客去體驗，去經歷、去感受。如果創業是一種旅程、是一種國度，像是你去美國、日本等旅遊，去體驗一下，也許你會與這個國度有不解之緣。也或許是你經過這體驗後，仍然是雲淡風輕、當作風景看看就好。總之不要讓自己失去或錯過一個「進入」的機會。

王品集團前董事長戴勝益就要求他旗下企業的高階主管們：「一生中要走百國、登百岳、一年內至少要吃一百家餐廳，」主管們必須努力完成這些「社會學分」，還列入紀錄，做為考績。因為體驗更多、才有更開闊的胸襟。遊百國是增長「見識」，爬百岳是提升「膽識」，吃百店則是維持「常識」。吃過一百家餐廳，才知道「吃」是怎麼一回事，你要登過高山，才知道什麼才是氣度。去過很多的國家後才知道「最好的服務」是怎麼一回事，甚至把這個當做晉升的標準。

希望台灣的年輕人，能把創業當成是一個國度，以一個遊客的心情去體驗一下，當它是一種遊戲，你應該現在就開始去體驗。如果你有創業的想法就應該「盡早」試試看。因為越年輕去嘗試，越可以承擔失敗，失敗的影響也最低。任何一點創意，都有可能是創業的機會，不要怕失敗，或覺得做出來的東西沒有用。失敗過一次才會成功，而且在創投圈裡失敗也

不叫失敗，那叫經驗。

如果你想要在某個領域做出點什麼，就要去靠近那個領域、那個市場，並且真的參與以及投入，因為實作與理論必須交互印證，如果不真的去靠近、接近你的目標，你往往不知道「真正重要」的是什麼。很可能目標跟你想的不同，你以為的重點其實根本不重要。去一趟創客空間，裡面有許多創客都在用創意產製夢想，讓自己以創客的身份去體驗一下那個過程，去感受那個氛圍與刺激，試著讓自己的興趣變成了創業點子，更讓「創新」成為一種技能，開始你創業的旅程。你想創業就要先想辦法靠近創業的人、靠近你想去的地方，去感受環境的力量、試著讓環境引領你、影響你，進而改變你。

09 做一位有情懷的創業者

「情懷」是創業很重要的核心。什麼是「情懷」呢？它類似於內心一種重要故事。以下分享幾位創業者的故事，大家就能更了解情懷是什麼了。

「三個爸爸」之老爸的創業情懷

「三個爸爸」公司創辦人戴賽鷹，2013年之前，他是「婷美集團執行總裁」。可年近四十的他在當上爸爸之後，卻忽然辭去了原本報酬豐厚的工作，跑去創業，做起了空氣淨化器。由於北京空氣差，孩子晚上睡覺睡不好，他深深感嘆自己身為父親，卻不能保護自己的孩子而自責，為了兒子的一口氣，發誓一定要守護孩子健康，於是認真地四處找尋空氣淨化器。他想要找一台能去除PM2.5和甲醛，更不會對孩子造成其它傷害的淨化器，然而市面上卻找不到好的淨化器，於是有了不如自己來做的想法，他跟陳海濱、宋亞南幾位老友談起，發現這是大家共同的痛點。「為什麼我們不自己造一台專給孩子用的淨化器？」同樣將迎來自己小寶貝的陳海濱提議。於是，他決定辭去服務十多年的企業，下海創業——做一款兒童專用的空氣淨化器；因而有了中年創業的戴賽鷹，有了「三個爸爸」。他為了孩子健康，因為對孩子的這份感情，而決定投入這件事，這就是所謂的情懷、使命，他是一位有「情懷」的父親，這就是一種有故事性、與生命交關的情懷。

55度杯：創意源自一滴淚

洛可可設計公司為什麼會做出「55度杯」？創辦人賈偉的小女兒在一、二歲時，因為想喝水，而不小心弄倒一杯爺爺剛煮好的熱開水，一下潑到她的臉上和胸口，因而燙傷身體，想到這讓人心痛的意外事件，身為父親，在那一刻是那麼的無助，他沒有接受過燙傷緊急處理「沖、脫、泡、蓋、送」的觀念，不知道該怎麼辦，只能緊急地將孩子送往醫院急救，看到孩子在加護病房裡，常常因疼痛哭鬧著，醫師為了順利治療而將孩子捆綁雙手的情況，看在身為父親的眼裡只能心痛、擔憂，卻什麼也做不了。身為一個設計師，為了女兒的一杯水，他思考著如何給女兒做一個安全神器。所以他致力研究設計降溫水杯，倒入100度的水，搖10下變成55度，希望天下的孩子們不再被燙傷，這也是一種情懷。

太極禪

明星李連杰與企業巨人馬雲共同合作「太極禪文化公司」，認為太極是一個有符號的運動，例如，我們聽到美國就會想到籃球，聽到足球就會想到巴西，跆拳道就會想到韓國，泰拳就想到泰國，聽到瑜珈就想到印度，這就是有符號的意思。聽到太極，應該要想到中國，可是卻沒有人把太極標準化，意思是說，跆拳道有九段標準，可是太極卻沒有，於是他們就共同創立了太極禪公司，將太極分為一至九段，希望透過這種標準化的制定，讓全世界的人一起來學習代表中國的運動、中國的符號。將中國傳統文化透過太極這一載體把健康和快樂傳播到全世界。

李連杰在大家心目中只是一位明星，但原來他是一個這麼具有情懷的人，想把太極帶到全世界。實踐家也因此加入太極禪公司，他們有他們的

情懷，我也有我的情懷，他希望有大人學習太極，而我希望的是，中國的小孩應該從小就開始學習太極，練太極是「動」，做禪是一種「靜」，我希望孩子們在一動一靜之間，讓身心發展得更好。更何況，太極也是代表中華文化的一部分。他們二人的情懷，再加上我的情懷，這兩種情懷碰撞在一起，也許可以創造出另一種情懷。這是對情懷的一種註解。

海爾張瑞敏

中國海爾（電器）集團的張瑞敏，相對於其他中國企業注重生產，張瑞敏一開始就決定將海爾的品牌打響，砸冰箱的故事讓海爾「一砸成名」。

早期他們曾經做出了一批電冰箱，這批貨的品質有問題，他挑出七十六台有瑕疵的電冰箱，接著將這些電冰箱搬到工廠廣場上，並指示問題冰箱要全部砸掉，誰幹的誰來砸。要求生產這些電冰箱的工人在全體員工面前拿起大槌敲壞自己生產的成品。其中，張瑞敏領頭，親手砸了第一鎚。很多員工當時就流下了淚水。當時一台冰箱的價格約是一名普通工人二個月的薪水，工人親手敲毀自己的血汗結晶，不禁淚流滿面，也打下海爾堅持品質的基礎。在影片最後寫著：「我們要把海爾品牌打出去，跟德國製造、美國製造、日本製造，一比高低！」。這段話非常感人、有名，代表中國產品品質的改變、躍升的開始，為了民族的自信所做的，這也是一種情懷。

瘋狂英語

聽說過「瘋狂英語」嗎？瘋狂英語創始人李陽，他也是個有情懷、有故事的人。他有兩大使命：「讓十三億中國人講一口流利的英語！讓中國

之聲響徹全世界！」他要讓十三億的中國人能說一口流利的英語，外國人能說一口流利的中文，這也是一種情懷。我自己到中國創業時也說了一段話：「把世界帶進中國，讓中國領航世界」，這也是一種情懷，我希望將世界的教育系統帶入中國，再讓大中華的最好教育專家走到世界舞台去分享他們的內涵。我常常跟實踐家的團隊說，蒙特梭利的學習法，它代表來自海外的學習法，為什麼我們的「實踐菁英」不能是流行世界的學習方法，我希望中國的教育系統也能被世界認同，而不是虎媽虎爸的教育模式，這就是我的情懷。我們中國也有一套很好的教育系統，就像蒙特梭利一樣，成為一套教學法能夠被世界認可。

新東方創始人俞敏洪曾說：我們要在追求自己事業過程中不斷堆積理想的光輝，如果我只想做一個小小的培訓班，那就不會有今天的新東方。我給自己增加了一個使命，我希望新東方能把每一個人都帶出國門，每一個人都把世界帶回中國，有了這樣的感覺，才能把事業往遠處推、往高處推。不要追求一時的事情，即使不得不做一時的事情，也一定要追求有情懷的事情。如果把一生的情懷放進去，這件事不可能不偉大。什麼叫一生的情懷？悲天憫人是情懷，做善事是情懷，創造偉大的企業是情懷，擁有偉大思想是情懷。有情懷的人一定不會做壞事。

創業不該只是為了錢，而是為了某種理想的實踐。有故事的人，他的生命一定也比較精彩，有使命的人，他的生命一定比較璀璨；所以，故事、使命，加上責任，這三種結合一起，當你有使命，為了這個使命，去承擔責任，並以故事流傳大眾，讓大家追隨，這就是「情懷」的最佳註解。

10 創業，都是痛點的延伸

　　這裡所談的痛點，並不是一般身體上的疼痛點，而是說你在做事情時，要找到一個痛點，像產品要誕生出來時，都透過某個痛點來推動。蘋果第一代手機iphone3剛發表時，賈伯斯（Steve Jobs）說：「一般的手機都有鍵盤，誰還會想要鍵盤？誰要手機用觸控筆？現在我們用指向裝置，用你的手指頭去滑就可以使用你的手機，我的手機可解決你的痛點。」以前有一款手機附有觸控筆，但是有很多人常常會弄丟了這隻支筆，一旦筆不見了，就無法使用手機了，這就是使用者的痛點。

　　痛點是很多人在日常生活中經常會遇到的情形，當你去餐廳吃飯，總希望能舒舒服服享用美味餐點，如果這家餐廳服務不好，讓人覺得不舒服，這就是消費者的痛點。又例如等公車，以前我們等公車，不知道公車何時會到站，總是等得又心急又心焦，這就是痛點。而現在不一樣了，利用手機的App去搜尋，馬上就有資料告訴你你等的公車目前到哪裡了？何時會到，非常貼心又方便，這就是解決了這個痛點。有個殘障人士想要去旅行，但是因為身體的不方便，在上、下車方面需要人協助的地方很多，所以旅行社拒絕了他的報名，這是他的痛點，之後這個痛點卻引發了他的創業動機，創立了殘障人士的旅行社。所以，痛點往往能夠激發自己另一面的力量，成為你創業力量的來源，看起來是小需求，實際上是可以發展成為大市場。

　　為什麼這麼說呢？台灣有二千三百萬人口，殘障人士占百分之五，約有115萬人，非殘障者有2185萬人，台灣的旅行社約有2000家，平均每家

旅行社約可分得11000人的生意，如果這位殘障人士在台灣開辦旅行社，他卻可以有獨攬這115萬人的生意，表面看起來115萬比2185萬，市場要小得多，但實際上他是獨家。所以，不要小看小需求，當很多的小需求沒有被滿足時，反而可以成為大市場。

我為什麼有創業的動機，也是因為有小痛點事件發生。第一次的痛點發生在我念國中二年級時，我的父親受傷，家人被嘲笑說，我家人可能一輩子都要從事打工工作，不能讀書、沒有出頭的機會，更不可能有創業、當老闆的機會，為此，我抱著父親哭著說：「將來我一定要成功，為您揚眉吐氣……」這是我小時候的痛點之一，所以我告訴自己，將來一定要創事業，一定要成功。

第二次痛點發生在第一次創業的時候。當時，由於不懂遊戲規則，與合夥人有了問題，公司的一切都沒有了，最後只好黯然離開。由於這次失敗的痛點，讓我了解到與人合夥經營公司訂定「遊戲規則」的重要性。

到了經營「實踐家」時，由於當時市面上有很多的課程都在講「成功」，如何快速成功、如何立刻成功等等，這些課程我覺得不夠實際，只有成功口號，卻沒有做法，如何能成功呢？於是我們「實踐家」要教育大家的是實踐，唯有實踐才能成功。有很多人激動地喊了成功，卻沒有成功的做法，這是他們的痛點。我們為什麼要做「青少年Money & You」？原先我們的課程是為成人的創業而做的系統，課程內容有個部分是讓大家說出自己曾經經歷過的負面經驗，這個負面的經驗帶給自己的影響及限制有哪些，課程中會協助你如何面對這負面的情緒，然後讓你可以在未來走得更好。有位學員上過課程後，帶了他十歲的孩子一起來上課，試想一個十歲小孩，坐在一群大人之中，聽了這麼多大人的負面情緒經驗後，原本他的負面能量因而就更加負面了，因此，同是父親的我，認為這是不適

當的，因此我們和美國總部討論設立適合青少年的Money & You的可行性，所以，我們企業的每一步的創立，都是痛點的延伸。

因此，我們強調創業一定有某些痛點——

1.未被解決的問題可能是痛點：

例如，你到麥當勞買杯可樂，放在車內的可樂，常常因為煞車等情況導致可樂杯蓋鬆脫，可樂因而潑灑出來，可見杯蓋設計並不理想，這是消費者的痛點，後來有了解決這個痛點的設計品出現，讓杯內飲料不容易撒出來的方法，那就是在杯子上黏封一層膠膜，這樣再怎麼搖晃飲料杯，杯內飲料都不會再灑出來了。

2.未被滿足的需求可能是痛點：

老人家到百貨公司去，卻沒有東西可買，因為裡面的商品大多都是高跟鞋、時尚精品等。在日本有一種百貨公司，裡面賣的商品專門提供給老人使用的，滿足了這個族群的需求，所以這類型的百貨公司，絕對不會出現高跟鞋這種類型商品，只有平底鞋之類的，而且為了配合老人家的特性，通常這類型的百貨業一定設立在地鐵旁，讓老人家可以方便、快速地出入百貨公司，而且所使用的電梯，速度也較緩慢，因此這類型百貨公司的業績也很好，因為他們有滿足到這些銀髮族的需求。

3.未被提供的服務可能是痛點：

在台灣王品牛排出現之前，餐廳並不特別強調服務，由於王品牛排開始了強調服務品質，並在業界有了屬於王品的文化、有了故事可說，在戴勝益先生時代，王品的服務品質是非常實在，有目共睹。

以上這些都是痛點，但也可能成為創業點，因此，未被滿足的需求被滿足了，未被解決問題被解決了，未被提供的服務有人提供了。

11 今天的小確幸，明天的大不幸

　　曾幾何時，台灣是以創新見長、以勤奮見長、以積極努力布局世界見長，如今台灣退步到限縮在台灣島本身小小範圍內，開始談小確幸、追求小日子的滿足。「小確幸」這個詞來自日本作家村上春樹，說的是生活中「微小但確切的幸福」。我們的生活中充滿了太多的小確幸，動不動就工作太累想要旅行放鬆，在年輕上班族眼中，平白撿到一天颱風假、多放個連續假期或是假日可以睡到自然醒……就是他們的小確幸。熱愛小確幸、珍惜小日子的這一代青年們似乎沒有中國年輕人這麼積極、那麼有「競爭力」，喪失了願景與視野的台灣，小確幸之後恐怕接著要來的是大不幸。

　　台灣地處四周都是海洋，人民應該是大氣、有大格局的，然而如今的台灣，卻把自己封閉在島內，總是計較你有放假，為什麼我沒有放假，因為一個颱風假政府官員的臉書，動不動就被罵到爆，如此扭曲價值、怪異的社會心態開始一一浮現，有些人喜歡炫富，喜歡展示生活特別的部分，在這個臉書、WeChat時代，很多人會把自己生活的點點滴滴分享在臉書，如：到某餐廳吃下午茶，將照片貼到臉書，認為這是人生唯一追求，因有這樣的小確幸而感到滿足。生活在規律的頻率裡，規劃著下班晚餐要吃什麼美食？週休二日要到哪裡遊玩？貪戀著小小的美好幸福，其實在這樣追求小確幸的同時，也讓你自己的格局變小、變窄了。

　　你可以享受這樣的小確幸，但這不應該是你生命的唯一追求；如果我是創業者，我可能要靠自己努力、拼搏，才能自在地休息、休假二個月，例如，「新東方教育」創辦人俞敏洪，他每隔一段時間會安排二個月的假

期，開悍馬車到大草原去放鬆自己。而我們的社會裡，卻是在追求能否有連續幾天的假期這樣的小確幸，是不是該轉換一下，用另外一種角度去思考，如果我能再努力、再拚一點，讓事業更成功，如果我也能擁有這樣的大企業，就能像他一樣，放自己二個月的假，為自己創造更大的價值。

有時我們會這樣想，雖然沒有很有錢，但可以吃一頓大餐，那是一種幸福，但是有很多企業家，他們經常是吃著便當、飛機餐，這不是矯情，因為他們重視的不是那種短暫享受，反而是在追求創造更大價值後，可以擁有更長遠的享受，創業者沒有天天吃大魚大肉、山珍海味的，可能是天天吃著盒飯，所以我們不要去追求短視近利、眼前的小幸福。現在社會的問題是，人們不願意犧牲眼前的小幸福，所以得不到大未來。一般小職員，如果今天心情不好就可以請假不去班，而創業者呢，無論身體再怎麼不舒服，都要起床；上班族是領薪族，而創業家是供薪的人，上班族只要將個人分內業務做好就可以了，但創業者必須把企業經營好，肩上揹負的是多數家庭的生計，創業者把產品賣出去了，可能救了很多人。

我們在新加坡投資一家經營資優生教育的公司，專門教育千分之一智商最高的資優孩子，必須經過測試檢定確認是資優生之後才能進入這裡讀書、學習。創辦人是一對夫妻，太太最近懷了第四胎，有時工作太累，有些倦勤不免心想：回歸家庭做個貴婦不是挺好的嗎？丈夫就會鼓勵太太：「妳要加油呀！教育是妳喜歡的工作，也許未來的新加坡總理就是從我們這裡出去的孩子呢，到時候妳會很驕傲的……」，你可以感受到他們努力在培養未來的人才。這是完全不一樣的概念，他們著眼的是未來的景象，而不是只要現有的小幸福、小確幸。

小確幸的相反是大未來，我們不應該只是看到眼前的小幸福，而是要看到未來可能去到的境界，那是比較有意義的。如果一群人，只安逸於他

們的小小舒適圈，不敢嘗試各種挑戰，根本沒有突破自己的機會，因而錯過可能的美麗風景、特殊的期盼。當我們台灣年輕人還沉浸生活小確幸，大陸年輕人已走出舒適圈！走出舒適圈並不可怕，很多的經驗和挑戰，不是用想的就會改變，而是要實際去做去嘗試，才會發現你改變了什麼；也許沒有什麼改變，但至少知道這個選擇不是你要的，就可以再往下一個目標前進。非常建議台灣的學子多到大陸交流，感受大陸的競爭壓力、大陸人做事的拚勁，在那樣的環境下學習，成長的速度會很快。

我要強調，在一個社會裡面，個人追求小確幸自然無妨，如果整個社會都追求小確幸，並且以之為社會幸福的度量標準，那就很危險了。若大多數人只追求小確幸，不願意放棄眼前的小安逸，這個社會就完蛋了。我認為真正的幸福是來自於自己的努力開拓，那才是真正的大幸福。

12 成為封面人物

在實踐家的DBS創業課程裡，會讓學員做一個練習：如果有一天，你成為《富比士》雜誌、《遠見》、《商業周刊》的封面人物時，你希望雜誌上的標題文字是寫什麼？

有人給你專訪、給你大版面，表示你有特殊成就。通常會成為雜誌封面人物有兩種情形，一、你有極爛的破壞社會的行為發生，二、你有特殊成就時，表示你在某個領域有很好的表現。如果你成為雜誌的封面人物時，你希望封面標題是什麼？

陳水扁當年登上《亞洲周刊》的封面人物時，主題是「亞洲之光」、「民主轉型者」、「台灣之子」、「台灣之恥」，同樣的人登上封面人物，有兩種迥然不同的標題，這標題代表了封面人物的某一階段性的成果，也就是說，當你得到某階段性的成果時，媒體就會針對你的階段性成果進行報導，以便分享大眾。

台灣明星林志穎，曾被刊登上《中國時報》頭版，標題：「人生勝利組，林志穎的老婆懷孕了」，明星的老婆懷孕了，為何會成為頭版新聞？林志穎是個不同於其他明星的明星，他沒有過於自豪、迷戀自己的外型，除了是藝人、賽車選手之外，他還經營企業、投資各種企業的種種表現都非常成功，曾經有個有關林志穎的報導，標題是「夢想實踐家林志穎」，所以，這個報導的標題，就代表著林志穎所努力的成果。例如，標題「醜小鴨變天鵝」，表示這篇報導是你不斷的努力，從一個默默的小角色，成為一大人物，或者你從一小小企業，經過不斷努力，成為成功的企業，所

以用了「醜小鴨變天鵝」來形容你。

 ## 你想成為什麼樣的人

如果你能知道你最後會成為什麼的人，今天開始你就認真往這方向走，就會走的比較正確。假如我知道媒體報導我的標題是「最誠信的網路商」，從此刻起到未來，我會成為最具誠信的網路商，否則你不會得到這樣的標題。你一定要先設定標題是什麼，一路才能往那標題的方向前進，這標題存在你的內心，最後能夠如願得到標題那樣的成果，是因為你為了能夠得到那樣的標題，所以今天起，你會做標題那樣的事情，來符合這個標題。

如果標題是「資源整合大王，OOO（名字）」，你知道因為你有資源整合的能力而被刊登上媒體封面人物，所以你會從今天起，努力往資源整合有關的事情來做，做更多資源整合的實際案例，讓自己、別人都能有所幫助，所以你就會成為名符其實的人。

華人與美國人在創業時，最大的差異在於，華人會看看自己現有的資金有多少錢，再去做多少事，美國人則是先決定我要做什麼，然後在未來積極努力付出，持續往目標前進。所以成為封面人物，等於預見自己即將成為什麼的樣貌，預見自己經營事業的結果，這是比目標設定更有意思的事情。目標設定有時會規範、限制了你的原形，但在一開始能激發你的動力，透過不斷地探索設定的夢想，逐步去實踐你夢想。

如果你沒有一個明確的夢想，沒有明確的使命，沒有明確的情懷，就算媒體報導你的故事，那也是只有「錢（Money）」而沒有「你（You）」，當你成了封面人物時，這表示你只有數字上的成就，這是短暫的，因為數字隨時都在改變，可是，如果你的成就是素質上的成就，那

是永恆的，有不變的特質存在，所以我們要追求素質，而不要只有追求數字。

大家都知道美國通用電器公司（GM）的老闆傑克・威爾奇，他寫了有關企業管理的書，強調自己在管理上的獨到見解，但是，現在有另一種聲音說，他所得到成果，都是苛刻員工、苛刻廠商而來的成果，所以過去強調的種種，都成了——被反駁的論據。因此你一定要知道，自己要達到這個方向，所以一定要嚴格、堅守執行每一件事，最後可以到達那裡。這是目標設定的一種方法，也是創業者首要的事情。

如果你是具有某種情懷而被報導，說故事比某數字要來的重要，所以你想成為因為情懷而被報導的人，就要努力成為故事的某種情懷的人，是會感念、會學習的人、可做為榜樣的人。當你成為封面人物，表示你的故事可以成為教材，而你想成為哪種正面教材的人物呢？

13 白天打工，晚上創業

現在的年輕人，不管你是白天上班，晚上端盤子，都應該要為創業有所準備，這是一種必要的準備，因為「不創業，就等死。」當台灣年輕人還在繞著22K打轉，大陸年輕人已經在談創業；中國國家政策鼓勵十八歲創業，如果你在十八歲念大學時，還沒有開始創業的話，二十二歲畢業時，就只能幫同班同學打工，這是殘酷的事實。很多人會想：「等我有錢的時候再創業」，這是錯誤的想法，千萬不要等到有錢的時候再去創業，創業不是等有錢的時候才能做，創業的夢想是從沒有錢的時候就要開始，未來才有創業的能力，所以現在起，就要開始累積經驗、資源。我鼓勵年輕人現在就去登記成立公司，然後放著，你就會有股權，你就是法人，去買東西時可以開公司統一發票。如果你想與別的公司合作，但你不是公司法人，就無法做生意、談股權，所以有法人登記是必要的。

假設現在有30個年輕人想要創業，建議這30人都去登記公司法人，就有30家公司，你在自己公司擁有71％股權，另外的29％股權，每個人給予1%股權投資，這30人就有30家公司，每個人都有參與其他29家公司的股權，這樣便可以組成一個集團了。而這30人不是要立刻創業，而是要常常聚會、討論，等到有方向、有策略時，很快就能開始合作，當你有創業思維時，聚會討論、蒐集的資料內容就會與創業有關，創業資訊的分享，市場調查，彼此分析，互相鼓勵，創業的夢就會越來越清晰，更有實現的可能。如果你沒有創業思維，一群好朋友聚在一起時，就只能喝酒、聊天、唱歌，你們的聚會內容就會完全不一樣了，所以我強烈建議年輕人

應該聚在一起，成為一個創業的社群，如果以社群經濟角度來看，這個創業社群，一定對你有很大的幫助，一定會帶來很大的影響力。

現在的中國給創業人很多的方便，第一，成立公司的資本額可以不需要到位，你想要三億資本額，就寫三億，想三千萬，就寫三千萬，當人家看到你公司的資本金額的數值時，對你公司會有信心。第二，設立多層次的股票市場。如果你公司的營業額很小，也是可以上市的，只是不能在公開市場做交易，像深圳潛海、上海Q板等等，只要一家公司登記存在，不用作報告、財務審計，就可以上市，你有股票代碼，只是不能在證券市場做交易，但可以私下流通，而這樣的政策，讓年輕人可以有資本額很大的公司，給予年輕人創業的方便。

大陸讓年輕人可以輕鬆開始自己的事業，而台灣有何政策呢？相信未來兩岸的交流勢必更強，東協、南向政策等等都很重要，在台灣，如果沒有公司、企業，要如何與大陸的公司、企業對談、做生意呢？如果你的名片上的職稱是職員而不是董事、總裁，做生意時，是不是就顯得弱勢許多，底氣不足？所以要勇敢地去成立公司。

如果你成立了公司，可能還不知道要做什麼，這個是不用擔心的，因為你有70%的時間在修正你的目標，30%的時間是在設定目標，你要往哪個方向發展，是會不斷地修正，最後你會修正到你所想要的。設立公司是你下決心的一個開始，而你的業務經營，可以透過討論、合作、開發、籌備的過程，不斷地修正，直到你要的東西出現為止。

年輕人的第一次創業，並不代表是最後一次的創業機會，所以不要給自己這次的創業只許成功、不許失敗的壓力，關鍵是你必須汲取經驗。所以，白天上班，晚上創業的案例是非常多的，白天的工作是你經濟所得來源，可以維持你的基本生活，晚上是為你的夢想而準備，這樣才有機會完

成創業的夢想，所以我們並不希望你要置之死地而後生地立刻離開現有工作去創業，而是以同步進行的方式，千萬不要很衝動地離職。在馬來西亞有個學生來找我說：「一個月前，我聽了您的演講，明白了創業的重要性，於是我就辭掉了現有工作去創業了，現在的我很悲慘。」我說：「你活該！」他說：「不是老師您鼓勵我們創業嗎？」我說：「你沒有把話聽完。在沒有能力創業之前，一定要先做準備，一步步的學習，但你不是這樣做的，你一下子捨棄現有的工作，白天創業，晚上也創業，這樣的做法並不是全然都錯，問題是你還沒有能力創業，你沒有資金、人脈，什麼都沒有的情況下，一下子就掉入兩難的窘境裡，甚至你還不知道要創哪種業，創業全部所需要的那些事，你都還在自我摸索，因此你浪費了時間、浪費了你原來的資源。」

時刻準備著

其實，白天的工作，是累積未來創業所需要的基礎與經驗，是撫育你未來創業的花園。1994年，我和我學長一起從事教育培訓的工作，1998年我創立實踐家，還是從事與教育訓練有關的工作，表示前面的那份工作帶給我很多的經驗，在1994年以前，我在金車教育基金會工作，也是從事與教育有關的工作，只是那是一個非盈利的教育事業，而現在的實踐家是營利的事業；事實上，我沒有離開太遠，它都是屬於教育類的領域，也就是說，在你原有的工作裡，所處理的事情，一定帶給你很多的影響與幫助，不管是在什麼情況下出現。

今天，如果有個大學生，白天讀書，晚上創業，也是一樣的道理，白天在學校讀書，要多多參加社團活動，也會帶給你很多幫助的。我大學時，有一天我學長跑來找我，希望我擔任校刊的總編輯，但是我不想，學

長說：「沒有人願意做啊！」因為校刊總編輯很忙，很多學長做了總編後，學期成績不是當掉退學，就是1/2補考，我說：「你是詛咒我被退學嗎？」學長說：「不是啦，是你有才華。」於是我接受了校刊總編的工作了，這件事對我的幫助、影響很大，因為我得到了很寶貴的經驗。所以在我當兵時期，我被安排到民間報社當儲備主編，我去投履歷時，就會比別人更有機會被錄用。由於我擔任過校刊主編、報社主編，所以比別人多了一種能力。一個不太會寫文章，也不大願意寫文章的人，經過累積與學習，直到現在可以出書，這些說明了儲備能力的好處及重要性。出書的版稅是你的收入，如果每一本的版稅是七元人民幣，賣了五萬本，你的版稅收入就有三十五萬人民幣。原本你不預期這件事能夠帶給你什麼，但只要你用心去累積經驗、儲備能力，在這段工作期間你所學習到的經驗，累積的能力，在未來一定會對你有所幫助的。

　　創業人是需要經驗的累積，所以累積經驗是很重要的。大學生白天認真上課學習，晚上可以朝你的夢想前進，政府沒有規定十八歲不可以創業，所以，十八歲大一時，創業設立公司，到了大二、大三，一步步的往創業夢想做準備。

　　中國有句話說：「時刻準備著」，就是要時時刻刻都處在準備的狀態，這些東西都會在轉彎的時刻，有所收穫。你白天所努力付出的一切，都是為了未來而準備、收穫。有很多優秀的創業者，都不是那些每天只是上班、下班的人，而是上班時候，就開始利用時間為未來創業做準備，才有可能創造出更好的、屬於自己的事業的發展格局。因此，我們鼓勵大家多創業，「不創業，就等死。」這個「死」並不是真的死，而是沒有動力、不積極，就跟死沒有兩樣。

14 企業家靈魂

　　什麼是「企業家的靈魂」？例如，你即使把實踐家所有的財產都拿走、把我所有的房子、地產都收走，把我的所有公司都拿去，給我從現在起開始三年的時間，我可以和你保證，你還是可以看到比這些大一倍的資產清單。我的意思是，只要我的精神存在，那麼一切都會存在。

　　在2014年12月，我們「實踐家」在中國杭州阿里巴巴濱江總部對面，舉辦奠基開工典禮，準備建蓋總部大樓，在那典禮中，我說了一段話——

　　非常歡迎各位蒞臨我們實踐菁英大樓總部的奠基典禮，現在要在這裡開工，預計二至三年會完工，但這棟大樓蓋好以後的七十年後也會被拆除，為什麼呢？因為與中國大陸政府合約規定土地使用權只有七十年，然而在那七十年後，我們還是會在原地重新蓋起我們的實踐菁英大樓總部，目前我五十歲，再經過七十年，我已經是一百二十歲了，應該離開人間了，不過沒關係，在下一棟新大樓蓋起時，我一定會再回來，我是佛教徒，相信輪迴，所以我一定會再回來。當我再回來的時候，我會和我來世的媽媽在我們實踐菁英的「初悅坐月子中心」裡坐月子，做完月子之後，我一定會在我們實踐菁英花園寶寶早教中心接受請啟蒙教育，我的爸媽會帶著我去逛百貨公司，會在我們的花園寶寶的遊樂園裡，邊學習邊玩耍；當我念幼兒園時，會接受豆豆學習系統，學習幼小銜接教育；到了六歲時，我會參加我們自己的「菁英領袖私塾」，九歲時，我會參加「Top Leader領袖營」從態度篇開始學習；十二歲時，會參加「實踐菁英海外遊

學營」領袖學堂，會到美國哈佛大學、史丹佛大學、英國劍橋大學、牛津大學、新加坡國立大學、韓國首爾大學、澳洲雪梨大學、台灣藝術大學文創基金會等等去學習，十四歲時，我會參加我們的「青少年YDBS菁創學院」，十五歲時，會參加青少年「Money & You」。十八歲時，參加「青少年BSE」學習如何創業、如何作為一位企業家。當我二十二歲時，會進入到我們的「創業孵化器」學習創業，二十二歲時，我會娶妻生子，我來世的孩子，還是會在我們的「初悅坐月子中心」坐月子。我這輩子的努力，是為了我下輩子回來的時候，還能繼續享受到這輩子努力付出的成果，得到更好的服務。

這就是企業家靈魂。企業家會死，但是企業會存在，可以永恆，如果你用這樣的信念、認知去經營企業，就不會是採散打方式，不會是個游擊隊，到處亂打仗，不會像路邊攤，隨時打包逃離現場。馬雲曾說，他的企業要做102年，一個橫跨19xx年代、20xx年代、21xx年等三個世紀的產業，從19xx起，現在是2015，希望他的企業在未來的21xx年初仍然存在，所以不論現在的成功或失敗，都不是結果，企業人如果能以長期的時間軸來看待、經營你的企業，就不會受限於眼前的小阻礙，這就是企業家的靈魂。

在DBS創業學院裡，我們如何鍛煉企業家的靈魂呢？每天早上六點上課，一個軍訓課程，將企業家的六個精神：「夢想、責任、創新、協作、堅毅、分享」，一天學習、體會一個精神，六天完成這六大精神的學習。

1. 夢想

每個創業者都是有「夢想」的人。當你有夢想時，夢想會引領你一步步朝向夢想努力、邁進。只有敢於有夢想，勇於實現夢想的人才能創業成

功。

2. 責任

選擇了創業就意味著你需要承擔更多的責任。唯有負責任，你的企業、你的產品，才會有信譽，才能有口碑，才能贏得市場。

3. 創新

毫無疑問是企業家往前邁進、發展的一個關鍵因素，台灣之所以漸漸被世界看見，是因為我們有源源不絕的創新，像是過去台灣的綜藝節目有很多創新在裡面，而大陸是山寨的，但現在的中國開始邁入創新，所以台灣的企業家唯有不斷創新，才能永續發展。《大數據》作者說：「不管科技如何進步，工具如何的厲害，人類不會被機器所取代的原因就是人類有創新的能力，只要你具有創新能力，一定不會被淘汰、取代。」

4. 協作

「協作」是關鍵之一，企業家不是自食其力，而是懂得共同協作，如果無法擴大合作面，就無法提煉出更大的能量，創造更廣大的未來。公司規模越大，如果能夠有協作關係，企業所揮的綜合效益更是鉅大的，若是無法共同協作時，你的企業越多就容易產生內鬨，毀掉的速度就越快。

5. 堅毅

「堅毅」，就是從頭到尾永不放棄的精神，證嚴法師的《靜思語》說到：「信心、毅力、勇氣，三者俱備，則天下無不可成之事。」我沒有比別人聰明，但我比別人更努力、堅持到底的毅力。英國首相邱吉爾先生曾說：永不放棄。如果你做任何事，都能堅持到最後，這世界的舞台，一定是屬於站最久的人的，那些一下子衝上台的不一定能挺到最後。在堅持的過程中，必定塑造出信任，信任是人格中最重要的資產。

6. 分享

　　說到「分享」，真正有名的企業家，他們都是喜歡能夠分享的人，像是美國的企業家比較明顯，例如比爾‧蓋茲，他經常在各種場合、會議裡與人分享，華倫‧巴菲特也是如此，只要你不自私，一定可以把企業經營好。

　　微信為何可以做這麼大、發展成這麼大的規模，因為他們提供了一個很大的分享平台，「微信公眾號」分享平台，人人都可以在那平台上，自由分享你的經驗，讓更多人做分享。

　　分享的內容，可以是財富、知識、經驗等等，所以，「分享」是企業家的核心。例如，郭台銘擁有很大的財富，而他願意分享，所以捐贈很多錢給有需要的單位，讓他們可以幫助更多的人。有錢的人擁有再次分配財富的權利，當你願意與更多人分享時，人生就會變得更豐富，企業也會越做越大。

15 堅定的自律

　　堅定的自律，即是最嚴格的自我要求。很多經營企業的人，因為嚮往更多的自由而想當老闆，然而當了老闆之後才發覺當老闆一點都不自由。很多人為了賺更多錢而去當老闆，卻是在當了老闆之後才發覺當老闆可能是公司裡拿到最少錢的人，因為公司賺的錢都優先發給員工、拿去支出應付款項了。

　　我在1998年創設了「實踐家」，距今有十七年多了，這麼多年來，嚐遍了當老闆的各種心酸，箇中仍有它的娛樂、喜悅存在，我與一般的創業者不一樣的地方是，我不會把一般人認為無聊的事就輕易放棄，譬如搭飛機原本是一件快樂的事，但如果你必須天天搭飛機，那就是件痛苦的事了。有一次在台灣我從台北搭飛機到高雄，出發前一天航空公司發生墜機事件，當天我按時間去搭飛機，我發現只有我一個乘客，飛機上的服務人員只服務我一個人，空姐問我需要看報紙嗎？我答：要，結果她遞了三份報紙給我，這三份報紙都在報導墜機消息；此時，我坐在發生空難的航空公司的飛機上，看著三大報紙報導墜機空難消息，看著飛機上的服務人員陪著你搭飛機，他們的心情可能比你還要害怕，但是你能不飛嗎？當然不能，如果你不飛，演講現場就沒有人講課，就開天窗了。

　　曾經我連續講課一百多天都在講同一個題目，有個新老師問我：「你每天講一樣的東西，不會覺得無聊嗎？」我說：「不會。」「怎會呢？我一連三天講一樣的主題，就覺得無聊了」。但我並不是這樣想的，首先，我知道聽課對象是哪種類型的人；第二，來聽課的人一定對我有所期待，

希望我能帶給他們新的東西，所以我不能因為已經講過多次而有所懈怠、厭煩，因為這些聽課的人從來沒聽過這些內容，他們是衝著我這個講師而來的，所以，我必須堅持去講課，雖然已經講了二百場、三百場，可能早已厭倦，但是我還是告訴自己要繼續堅持下去。

這種自律表現在事業上，也要表現在生活上。我是一個自我要求嚴格的人，只要時間的安排許可，我一定會回台灣吃晚飯，這樣可以陪陪女兒、家人，對別人來說，吃頓晚餐是一件容易的事，對我而言，陪家人吃晚餐是件奢侈的事，需要壓縮時間，特別安排，可是我一定會去做這件事，這是我重要的原則之一。當你有了自己基本的原則後，你唯一任務就是要捍衛你的原則，每天必須為了這個原則付出行動，有很多人不容易堅持自己的原則，很容易就鬆懈了，一旦放鬆幾次後，你的原則就會被放棄了、不存在了。

自律是每天堅持一次

我的自律原則是學習自我的曾祖母，我從小跟著曾祖母長大，因為我的爺爺奶奶、爸爸媽媽都是工人，沒有時間照顧我，別人是隔代教養，我是隔兩代教養。曾祖母不識字，卻是個嚴格的人，她要求我每天在一定時間起床，一定要在幾點鐘睡覺，她活了九十幾歲，直到我上大學去當兵時她才去世。你可能無法理解她一定要幫我洗衣服，既使已經年屆九十幾歲，仍然堅持這部分。她對自己非常嚴格，每天要做的事一定去做，絕不會忘記。我父親在我妹妹一歲時決定戒菸，他從他十幾歲時就開始抽菸，戒菸對一名菸齡很長的人而言是一件很難做到的事。當年，我父親在一個早上醒來後，說他要戒菸，於是隔天就不再抽菸了，十三年來真的做到沒有抽菸。所以，自律不是設定一個長遠的目標要去達成，而是你每一天都

為你自己所設定的目標、方向，與自己的原則做一次，每天堅持一次。

今天你是一位創業家，你每天都必須付出一定的行動量；作為一個業務人員，每天就應該設定一個目標去完成，例如每天拜訪10個顧客，要成交1個，於是就去認真地拜訪10個顧客，結果成交了3個，因為成績出乎意料地好，所以，有很多人隔天就放鬆了，因為他想明天、後天的目標都達成了，但是卻不能這樣做，當你設定每天拜訪10個顧客、成交1個，即使當天成交了3個，你還是得持續每天拜訪10個客戶，今天多出的2個成交者，是福利（bonus），不能因為今天多成交了，隔天就可以少做，這是就是自律，最嚴格的自我要求。

當老闆的人是身先士卒，以身作則，你說出的，一定要比別人更嚴謹，更重要的是要捍衛公司的使命及法則。公司的核心價值是誠信，老闆一旦說謊，就沒有資格當老闆，因為你提出的要求，自己卻沒有做到，所以自律是對某一原則的捍衛及遵守。

實踐家的「Money & You」創辦人馬修・賽伯先生，四十幾年前，他在舊金山創辦房地產公司，當時最厲害的業務員拿到100萬美元年薪，以當年的背景，是非常厲害的。馬修・賽伯先生有個規定，凡參加公司的會議，不可以遲到，遲到的人一律開除，遲到一秒鐘也算遲到。在一次的公司會議時，由於舊金山大塞車，有一個人因此而遲到了，當這個人一進到會議室時，老闆立刻說：「I am sorry too, you are fired.」，立刻解雇這位遲到的仁兄，而這位遲到的人就是那位年薪百萬的業務人員。也就是說，即使他是公司裡最會銷售的第一把交椅，但是仍然不能違背公司原則，老闆還是決定開除他，這個人也認命地離開了公司。這就是紀律與自律的要求，這是一個真實的案例。軍人為了什麼要穿軍服？學生要穿制服？就是要從外在的紀律開始要求，慢慢養成自律。

　　人們的自律，就像蜘蛛絲、鋼絲一樣，蜘蛛絲容易斷，所以不斷吐絲織網，斷了又重新織網，不斷地來回重複織網，最後牠的網就像鋼絲般的堅硬，可以捕獲蟲鳥。自律是一開始養成習慣，到後來是習慣成就了你。例如，你有暴飲暴食的習慣，最後成就了你一身肥胖的身軀；你在剛開始遇到問題就積極正面思考，到了後來你遇到問題時，就會自動正面思考，這是一樣的概念。我們要強調自律是針對一些好的習慣、堅定的信念、明確的使命，來捍衛、遵守。

　　在我們的DBS創業課程要求學員每天早上六點鐘上課，就是在培養學員早起的好習慣，起床第一件事是暖身，跑步三公里，不是為了跑步而跑步，我們發現很多創業者經營企業一段時日後，把公司毀掉的原因有兩個，第一是意外，第二是健康。意外是無法預測的，而健康是可以好好維持、維護的，真正的企業家大多是有早起的習慣，早起運動最著名的企業家是台塑集團創辦人王永慶，像是嚴長壽、吳若權等也都有晨泳的習慣；星巴克CEO Howard Schultz每天早上 4：30 左右他就會起床去健身（通常是與他妻子一起騎腳踏車），當然在之後他也會來杯咖啡醒神，開始一天的挑戰。而有些企業家們很早就到高爾夫球場打球，一方面是社交，另一方面可以讓自己更健康。你從外在的活動來刺激、養成一些必要的好習慣，這是自律的部分。

　　自律是把大的目標分割成很多的小行動，每天都堅定地去做小的行動，你就有機會去完成你的大目標。

16 無窮的彈性

　　經營企業還是要有彈性的，我的創業歷程，帶給我自己很大的成長。由於我在台上講課的時間長，喉嚨的負擔很大，有時早上一起床的第一口痰會有血絲的情形，所以下台休息時間我大部分是很少跟別人講話、接觸，總覺得我在台上已經講很多話了，希望休息一下，但是，大家期待的不是台上的老師，而是一個真實生活的人，所以我要去學習，放開心胸，去做一個真實生活的人。

　　你在經營企業時，難免會遇到類似這樣的一個合作夥伴，你知道他在佔你便宜，卻又不得不讓他，因為他可能掌控了別人沒有的，那是只有他獨有的東西，所以，你必須試著調整自己的想法、原則，才不至於亂了大局。

　　我們的創業課程很辛苦，每天早上六點上課，晚上十二點才下課，一天下來，可能只能休息二、三個小時，八天下來，早就已經疲憊不堪了，可是，你知道這件事必須要做好，若是沒有這麼堅持下來，就無法與別人建立友好關係，無法找到好項目做投資，所以你必須要調整自己，堅持完成這完整的課程。

　　以我為例，平常我比較喜歡獨自吃飯，因為這樣可以趕快再去做另一件事，但有時候現實情況不容許我如此，總是會有學員跑來找你聊聊他的計畫、想法，所以，你與這些創業者談過之後，你可能得到一個很好的投資標的，也有可能這次的談話影響彼此，改變彼此，而這個改變可能有助於自己的成長。所以，我們要不斷調整自己的習性。以前，我很不喜歡和

銀行往來，公司裡的所有投資，都是憑靠自己做出來的，後來發覺這樣不對，如果企業經營，沒有一定的彈性運用在你的財務規劃上，一旦有小狀況時，即使是小問題，你可能還是會卡住，無法過關，甚至發生危機。以前我一個人上班，沒成家、獨自一人住在外面，一人吃飽，全家飽，但是現在不同了，你有一整個大團隊，所以你知道你再也不能任性地隨心所欲。每次實踐家舉辦的三天的星球會議，所有海內外員工都參與，藉此讓所有員工知道你的存在，並了解老闆的想法是什麼。所以，創業之後，我做了很多以前不會去做的事情。

領獎這種事，以前我是不在意，但有一次的領獎典禮在阿拉伯聯合大公國舉行。為了去杜拜領「全球創新及卓越獎」，因為行程緊湊，我從杭州飛去香港，中間遇到飛機延誤、轉機延誤等等狀況百出，甚至我趕到時也過了頒獎時間，但我還是去了，因為那天下午有一場演講，是以英語表達的演講，是能讓華人世界了解青少年教育是怎麼一回事、創業是怎麼一回事、公益奉獻是怎麼一回事，領這個獎是為了為全球創新努力的華人而去。另一個例子是廣告，以前我認為廣告是虛偽的，有句話說：「酒香不怕巷子深」，但我覺得錯了，現在的情況是「酒再香，也沒有人要聞」，因為酒太多了，你的競爭對手太多了，所以自創業以來，我做了很多調整。

我有過敏性鼻炎，容易罹患感冒，但自從我創立「實踐家」以來，從來沒有因為感冒而缺席任何一場演講，在2008年時，我到阿里巴巴的年會演講，郭台銘也參加了這場演講，演講前一天晚上，我的喉嚨因感冒而發不聲音來，很痛苦，沒辦法只好去醫院打了針，就為了能夠開嗓，順利參與這場演講，講完之後聲音又掛了，這樣努力地去完成這件事，無非就是為了這個大局，能夠在這個大的團隊（公司）留下記錄，這樣的態度和

精神是非常重要的。

　　當然，彈性並不是失去自己，而是要有適當的彈性調整自己，路才能走得遠，走得順暢，很多事情不是一番兩瞪眼，亦不是非 A 即 B 的概念。以前，我是一個很怕麻煩的人，但是像「溝通」這件事情，就要不厭其煩地一次次的溝通、說明，否則你很多事情都會輸在缺少溝通。卡內基的創辦人曾說：他們訪問了很多的創業人士，得到一個共通的結論，他們之所以能夠成功，有 99% 的人表示人際溝通是一重要原因。在我二十幾歲來到基金會工作，當時我不會電腦打字，都是助理在處理，而現在我也嘗試各種方式學習打字。人總是有各種可能性，只要你不斷地向上學習、提升，如果你沒有任何彈性，就沒有任何溝通的可能；你不要害怕溝通，即使語言上有困難，只要你的心願意嘗試去做，就能調整、改變自己。

　　一旦你決定創業，就要知道你要過一段很艱苦的日子，既然要創業，要做的事情一定非常多，你就無法堅持每天要睡足八小時的習慣，只得調整自己去改變這個習慣。這就是所謂「無窮的彈性」。

不斷尋找、試錯、不斷修正

有句話說：「從地球發射火箭到月球，火箭在軌道上航行時，只有3%的時間是正確地在朝向月球軌道上航行，其餘97％時間都在修正。」我們很難避免錯誤的發生，但是只要不斷地修正、再修正，最後就能到你要去的目標。

既然「修正」這麼重要，那就代表了每個人會出現錯誤都是必然的，錯誤並不可恥，「認錯需要勇氣，不認錯方為罪惡。」如果你不肯承認自己的錯誤，你就會找更多的藉口來掩飾；當你越不願意認錯，其實你就離事實越遠；你不願意認錯，就會離修正的行動越遠，於是你就為了面子一直硬撐在錯誤的地方，始終到達不了終點。

你可以看到有很多的政治人物是不認錯的，但是其實所有人都已經知道是他錯了，只有他自己不敢認錯，那麼他是不是已經降低了自己在這個社會上的信用評價。別人明明知道你錯了，卻看到你在硬拗、死不認帳，那麼所有人就會看輕你。

經營企業也是如此，不斷地嘗試錯誤，不斷的修正、調整錯誤，很多人最大的問題是你已經做了計畫，但卻忘了要做修正，因為你做計畫時的時空背景與執行時的情況有了很多的改變，如果你依照計畫執行，發生了不可行的問題或是績效有限的時候，計畫就卡住了、停頓了。所以在執行計畫的同時要不斷地修正，修正速度的快慢，決定了你回到正常軌道的時間快慢，就像樹苗在還未長成樹的時候，事先在樹枝旁邊繫綁一根棒子，輔助它可以往正確的方向成長，不至於長歪，如果我們沒有去做不斷修正

的動作，一旦狀況發生時，一開始也許因為沒有意識到，等到問題越來越大、越走越遠的時候，想要再拉回時，成本就會提高，所以要不斷尋找、不斷試錯、不斷修正。

在企業發展過程中，我們很容易因為第一個項目推出成功，緊接著在很短的時間內推出第二個項目，第二個項目推出的績效似乎還不差，又會在短時間內再度推出第三個項目，到了後來，你會發現並沒有足夠的客戶群來應付這個漏斗。一般來說，產品定價分別有低價、高價，在低價的時候，做得不錯，以為很厲害了、沒有問題了，所以你理所當然地認為，客戶也一定會支持你的中價產品，這是不對的。低價之所以會成為你的顧客，因為他只付了低價，所以，從低價客群到中價客群，是有一定的漏斗的比例，而非全部；從中價客群到高價客群，也是有一定的漏斗的比例，而非全部。因此，銷售第一個項目能夠成功，並不代表第二項目、第三個項目也一定可以成功，因為銷售情況可能會受到價格、品項、內容等不同的因素影響，而你沒有想到這種情況，以為照之前的模式走就會有顧客上門，樂觀地以為一切沒問題，於是在短時間內又繼續推中、高價品，沒想到後來推出的中、高價品乏人問津，銷售慘淡。你會遇到的挑戰，首先是價格，通常價格是不斷地往上調整，在經濟景氣好的時候，這是沒有問題的，因為你調價的都是淨利潤，一樣的商品，原本賣一萬元，現在調高到二萬元，多出來的一萬元是淨利潤，因為這商品的成本也許只有三千塊、五千塊，原本賣一萬元就能執行了，現在調高到二萬元，認為一定沒問題，於是就繼續推出中、高價……，價格越來越高，顧客也就越來越少，甚至沒有顧客了。此時，你就要勇敢地修正。但是如果我們死不認錯、硬撐著，你就會發現你本來只是利潤下降而已，還算有獲利，可是當你不積極面對處理，慢慢地虧損就浮現，再來是虧損加劇，越來越劇烈，那麼等

到你想要回頭的時候已經來不及了，公司可能就倒閉了。

修正是為了更容易達到目標

經營者執行計畫時，並不是要從頭到尾都不修改，你以為這是守信用、守承諾，在這裡討論守信用是有意義上的差距的，這與守不守信用無關，而是你是否體恤顧客有關、與你的企業能否存活有關，為了堅守不必要的原則，導致企業無法生存，也就不必談什麼對顧客的承諾了。

我們實踐家集團從事教育工作時，認為要分兩個團隊來執行，一個是成人教育，另一個團隊是青少年教育，後來漸漸發現，青少年教育是從成人教育延伸出來的。我們的青少年教育計畫一開始原本是想單獨成立一家公司，用新的公司去做，初衷是希望能做得更專業、專職，沒想到卻演變成與原來的銷售體系產生衝突，原本是件好事卻變成壞事。於是我們立即做了修正，現在我們把青少年教育與成人教育的銷售體系放在一起做，但執行教育課程時卻分開進行，銷售時可以一起做，因為同一個行銷銷售體系比較好做，更容易產生績效。所以，我們也是在不斷地試做、不斷地修正。

我們在推廣「Money & You」上，以前是不曾透過轉介紹的方式來做推薦，我們希望學員只需要好好努力、認真學習，一起上課，共同分享就好，能夠保持這樣的純粹，我們認為不應該與學員談利益；但是後來有學員向我們反應，他們在別的機構上課時，若是有介紹朋友報名課程，是有推薦所得的，可是在我們這裡，卻沒有推薦所得。學員覺得就是因為信任我們，才願意介紹朋友來上課，而我們卻沒有提供推薦回饋，讓學員們不是很能認同。

於是我們也跟著改變想法了。現在時代已經改變了，市場上講的是

「每個人都是互為代理」的概念，所以「推薦所得」不是利益的想法、概念，而是一種對於長期老顧客的回饋，你支持我，我回饋你，這也是一種有情有義的表現。

現在「Money & You」正在推廣口袋魔法書，一本人民幣365元，你可以在這本小冊子內看到「Money & You」所有課程中重要觀念的摘要描述，若是來上課就等於是複習，讀者只要在書本裡面掃二維碼，就能夠把「Money & You」分享給更多人，然後我們也會提供分享的回饋。這個分享的回饋不在利益，而是一份心意，過去我們會把回饋的做法看作利益交換，其實不是這樣，若是用心意的角度來看，反而變得有意義、有價值了。所以我們在不斷地試錯、不斷地修正。

我們曾經推廣過美國BSE商學院，在國外的課程裡，上課的老師都是講英語，全部透過翻譯，老師講一段，會場就會翻譯一段，這樣課程內容只有一半，令人覺得有些可惜，所以我們也做了修正。原先是想，美國老師講課，可以原汁原味呈現，後來發現，如果能夠增加我們大陸、馬來西亞、台灣等地的本土案例討論，而且用中文表達，是不是就更順暢、更能夠瞭解本地情況，所以也是經過不斷的修正，現在我們的BSE課程，英語內容只占20%，80%內容是中文，這樣就比較符合國際教育本土化的概念，就能得到更多學員的歡迎。所以，經營企業要追求長久發展，就要不斷地找尋、不斷地試錯、不斷地修正。

18 相信直覺，敢於拍板

　　我經常開玩笑說：「想要成為企業家，是需要有天賦的。」什麼都不會，真的成不了企業家，有時需要對事情要有很高的敏銳度，對環境的判斷要準確，對某些東西要相信這東西會成為未來趨勢，所以要堅定相信自己的直覺。

　　如果一個創業者的直覺敏銳、強烈，這種人經營企業還是比較能夠成功。當你的直覺訊號非常堅定、強烈而清晰的時候，要敢於拍板，決定事情就是要這樣做。如果創業者花太多時間去想、去思考，很難開始起步。思考是沒有生產力的，想的時候可以做籌備，但思考階段的本身，並不會立刻產生生產力，當然，完整、完美的思考，經營企業，除了需要思考、規畫之外，一定要立刻去執行，才會帶來一定的生產力。

　　1999年，我們在開始做「Money & You」，隔了約四年的時間，我們開始推出了第一期的「青少年Money & You」，也就是說，我們先經營成人的「Money & You」，累積一段時間的實務經驗之後，做了些調整，再來做青少年的「Money & You」。在2000年，我們推出美國「BSE」課程，之後不斷地修正，到了2004年，才又舉辦了「青少年BSE」課程。當我們推出DBS創業課程之後，中國政府大力倡導「大眾創業、萬眾創新」，當時的社會環境對於創業、就業的問題有了大量需求，因此受到歡迎與肯定，就在課程進行到了第四期的時候，我們立刻又辦了青少年版的DBS，當時我們的團隊非常不能理解和接受這樣的做法，有人對我建議說：「老師，你太急了，我們還沒有足夠時間去調整，

以前都是在成人班課程推出後三至四年之後才會推出青少年班，怎麼這次才過了三至四個月，就推出青少年班呢？」理由很簡單，我的直覺告訴我自己，未來的創業者，不是只有這些已經踏入社會工作的人，基於各種政策的支持，很多未來的創業者都存在於學校裡，而直覺也告訴自己，未來的學生創業者，絕對不僅僅只有大學生，大學生可以參加我們的成人班DBS，當大陸的政策在推廣「大眾創業、萬眾創新」的時候，鼓勵十八歲的學生創業，而十八歲以前的孩子應該要做什麼呢？他可以為創業先做好哪些準備呢？他肯定要為創業做準備，如果沒有做好準備，是無法在十八歲的時候比別的大學生更快的創業。但是我的團隊很擔心，覺得在沒有一些經驗基礎的情況下去推廣這事業，會很辛苦的，沒想到一推出之後，廣受歡迎，孩子們表現得非常優秀，每個發展都非常良好。因為這時代就是這樣，有時直覺並不是憑空亂想，而是經驗的累積，所以說直覺來自於經驗的累積，才能形成今天對訊息的反射動作，並不是拍屁股、拍腦袋的一個隨便決定，好像哪邊做什麼，你就做什麼，這是從過去到現在所累積的一切基礎，而形成了今日的直覺反應。

抓住每一則有利訊息

當我看到一則訊息「大陸準備要實行單獨二胎」時，立刻有了想法，我聯想到要投入青少年市場、坐月子中心一定是正確的方向，理由非常簡單，原本規定一個家庭只能生一個孩子，現在政策改變，夫妻雙方如果都是獨子，可以再生一個，這叫「獨二胎」。當然，並非每一個家庭都會多生孩子，但是這樣的政策一定帶來各種的商機，只要15%的家庭多生一個，就會有多出來的孩子。所以，我們知道屬於孩子的市場來了，這是我們的直覺，我們的「實踐菁英」立刻開始轉型，為未來市場做準備，一步

步推出青少年課程，實踐家在三年前就開始做準備，不斷地分享、寫資料，告訴大家，我們要做青少年市場。所以，相信直覺，敢於拍板。

我看到有許多的大陸人到台灣來，大部分都是透過旅行社跟團來的，他們跟團旅遊其實無法看到台灣真正的美。當我們看到大陸開放個人各種自由行的訊息時，馬上想到這是一個機會，就是兩邊的距離會越來越短，各種的隔閡與不瞭解就會慢慢降低，因此，未來兩邊最好的市場是在華人圈，我們都是中華民族，語言能通，文化背景一樣，過去的歷史有對抗的，也有合作的，把所有的經驗集合在一起，其實是未來兩岸之間最大的財富。

台灣有許多好東西，透過大陸的市場，一下子可以放大五十倍，而中國大陸具有很大的國際影響力，若能與台灣共享，就能共同創造更多的價值，像是可以掌握製定各種規範（則）的主導權。台灣在製造這方面，有良好的形象與口碑，以前的情況是從海外到大陸去設廠，但現在有可能回過頭來，大陸有能力在台灣做研發中心，在台灣成立實驗工廠，把這些東西做最好的組合，共同創造更大價值。所以這樣轉念一想之後，兩岸企業彼此交流的速度就會比以前更快了，兩岸往來就更加密切了。

有次我看到一則消息，春秋航空的飛機要直飛花台蓮，春秋航空原本是直飛台北的航空公司，現在連花蓮都有直航的航班了，天津也有直航花蓮的航班，這些訊息讓我直覺到，以後大陸旅客要到花蓮，不需要先飛到台北再轉飛機或是轉乘火車，也不需要再搭乘巴士途經危險的蘇花公路，才能來到花蓮，因此可預見未來的花蓮觀光必定大大發展，所以我們很快地就到花蓮設立基金會，建立農業休閒公司、包茶園、蓋基地，所有的一切計畫都在同步進行，對於有經驗的人而言，這些訊息一出現就能迅速聯想成黃金寶貝，但是對於沒有經驗的人來說，也許只是一則耳邊風的消

息。

　　所以要抓住每一則訊息，然後深度耕耘它，來創造出最好的結果。我經常講，事業是要做十年、一百年，甚至是一百五十年，現在不過是五年、十年的，不用擔心你此刻的決定，只要此刻的決定不會讓你傾家蕩產、公司倒閉，趴倒在地、站不起來，我認為每嘗試一次，不論結果如何，它都是累積你的正面經驗最有價值的地方。

 19 不講如果，只講結果

　　天下文化出版過一本書《樂在工作》，這本書的作者丹尼斯·魏特利博士是我的老師之一。他是美國奧運代表隊運動心理組的主席，也是阿姆斯壯上外太空時的心理輔導教練。這本書裡面有一段話，內容與我們這個主題「不講如果，只講結果」有關。我們有太多時候會說：「如果怎麼樣……，我就會怎麼樣……」，但那都是假設性的情況，除非你努力付出得到階段性的結果，否則假設本身都是不具意義的。所以，我們「不講如果，只講結果」。

　　這本書裡面有一段話，內容是這樣——

　　「我發誓從今以後設定目標的時候，不要只會說『有一天，我將……。』譬如，有一天，我將會比現在更好，大概是到長大，錢也比較多的那一天，我將會比現在還要更好。

　　不要只會『有一天，我將……』，『有一天我將』是太平洋中的某一個夢幻島嶼的名字，有一個夢幻島嶼叫『有一天，我將……。』

　　在這個島上，景氣復甦，大家加薪，貸款付清；大家加薪，在島上不會碰到麻煩，也不會再收到帳單；孩子們都很孝順父母，長得就像大樹一樣。國家之間和睦的相處，就像親朋好友一樣；大家都在四十一歲的時候就退休，大家都樂在太陽底下曬太陽，但是快樂買不到，追不到，也賺不到。

　　只有在各位的家鄉當中，靠著寫作和耕耘才有辦法成功。所以生命告訴我們什麼呢？那就是過程重於結果，而且目標會帶來成果。

你要登門拜訪去聯絡顧客，在哪邊跌倒，就從哪邊上路；你要上學而且排隊，等待品嚐好酒，就像品嚐失敗一樣。

我覺得過去不斷的跌倒，但是我絕不踏上夢幻之島，我會努力、盡心的去做，但是高山仍然一座又一座，我發誓從今以後，也要把『有一天，我將……』刪除，變成『今天我就……』。只要心中有目標，就能找到自己的金礦。

這段話的主要表達的內容就是：「有一天，我將……」和「今天我要……」的差別。我們常常會聽到有人這樣講：「如果等到……了，我就會怎樣，等到我做好了、準備了，我就創業了。等到我有錢了，我就會出發了。等到我什麼了，我就去做什麼事。那都是等到……等到……，等到如何，如果怎樣，我就願意做。」

但是，如果不怎麼樣呢？那你就不去做了嗎？

我們常常把自己交給了那不可預知的未來，交給一些外在條件所限制的因素，而不是交給自己的決心。所以，我們要重視的不是一天到晚講「如果……、如果……」，而是要講「結果……、結果……」。

就像魏特利老師所講的「夢幻島嶼」，這個島上最好的事都會自動發生，可以推給晒晒太陽，什麼東西都很美好。但是很抱歉，事實上，那些美好的東西是不會自己找來的，而是你必須要努力去做，讓每一個階段的結果，帶動下一個階段的結果，用每一個階段的成績，去啟發下一個階段的成績。這個才是做事情會有進度的方法。

我們要強調的是這個時代講求的是「結果」，我們實踐家以前有一個很大盲點，就是在教課程的時候，專家說：你要這樣做、要那樣做，你要去投資，要去買房子、要買基金，要做各種投資。可是我們在教導別人的

怎麼做時候，自己卻沒有做到。後來發現，我們只是去教，而沒有去做，我們自己根本沒有實質成績，沒有「結果」可以證明我們所說的是正確的，這是最悲哀、最悲慘的一件事。

創業家都是實踐家

如果說今天你是一個保險代理人，你要去告訴別人應該要買足夠的保單，而你自己卻沒有買足夠的保險，這是一點說服力都沒有的。如果你是做素食餐飲業的，結果呢，你在上班的時候做素食，下班時卻天天吃牛排大餐，也是沒有說服力的，你完全沒有辦法在這個領域裡，去帶動別人，帶動你的成績。所以創業家，都是實踐家，這是必要的。你要有對產品無法自拔的熱愛，我賣車，就是因為非常喜歡車子，而不是只有去猜測，不是只有去感受「如果我怎樣……就怎樣……」，不是這樣的，是你真的做出來給我看。

記得我買第一部車的時候，讓我印象非常深刻。我的第一部車是本田Honda Civic，那年我24歲，剛退伍回來，買了我生平的第一部車子。當交車後，我發現電動窗無法啟動，我也不了解車況，於是我馬上打電話給賣我車子的業務員說：「我剛買的車子有一點問題，電動窗降不下來」，他說：「沒有問題，可能在裝隔熱紙做防鏽的時候，師父沒把接頭接好，明天你到營業所找我，我請師父處理一下就可以了。」第二天，我怕會遲到，很早就來到營業所，我就停在他們的營業所門口等他，等到九點鐘他來了，他的車子剛好停在我旁邊，他並沒有看到我，就直接走進辦公室。結果，我看了他的車子，發現他自己開的車居然不是他公司的廠牌，也就是我買的是A廠牌的車，可是賣我車子的業務員卻是開B廠牌的車，自從那次之後，我就再也沒有買過A廠牌的車子了，為什麼呢？因為那家公司

的業務員自己都不開自家廠牌的車子，不挺自己的公司，消費者又怎可能會熱愛、喜歡、肯定你所賣的車。這個故事所要表達的意涵是「結果說」的概念，用你的成績，贏得下一張門票，用你現在的結果，贏得下一張入場證明。

經營事業，先不要說「如果老闆願意見我的話，我一定可能說服他」、「如果資源可以給我的話，我一定可以成功」、「如果今天給我換個市場，我會做出成績。」不對！不是談什麼「如果」，而是請問你結果，換來下一個結果，我現在值得更好，所以你現在得見我。

有一次，朋友介紹了濱江國中老師給我，沒想到對方跟我討論一件事：「高鐵的創新商業模式是什麼？」我回答：「老師，我怎麼懂得高鐵的創新商業模式？」我想他可能認為我是教授商業模式的專家，因為以前我寫過一本商業模式的書，他正好看過那本書，就認定我就是商業模式的專家，既然你寫了書，代表你有資格成為專家。現在假設我不是商業模式專家，但是我的結果就是商業模式專家，既然如此，我就應該在商業模式方面更精進，帶給別人更多的幫助。所以，不講如果，只講結果。

20 置之死地而後生

　　有很多處在創業階段的人，卻遲遲無法開始，因為他始終還依賴著既有的所得、依賴著原本熟悉的環境、原本的人脈，例如：一名銷售汽車的業務員，打算創業，做互連網生意，也許他心裡會想，那些原本買我車的舊客戶幫不了我，如果我一下子跑去創業，那麼銷售汽車的豐厚獎金、所得就沒有了，再加上我即將投入一個完全不熟悉的領域裡，在什麼都沒有的情況下去創業，會不會風險太大了點。於是猶猶豫豫，始終沒踏出創業的第一步。所以創業者一定要想清楚，並把後路完全斬斷，才有辦法繼續往前走，義無反顧地去拚事業，當你還有後路的時候，就會退縮，這是相互對應的情況。

　　經營企業的人，首先一定要有置之死地而後生的精神，第二是，你不會只有「死」一次，還會經常「死」，如果只是企業死了，或是這份關係死了，或是這個部門死了，或是這個產品死了，你去找資金卻頻頻碰壁，這條路就是死了，但是請瞭解一件事，除非你的呼吸停止了，否則你還沒有真正的死去。有很多人遇到一個小困難時，就退縮、放棄不做了，有些企業老闆看到市場不見了，就開始害怕，的確有很多的傳統產業不見了，以前有的東西，現在都不見了。舉例，早期，市場上有種叫「唱片」的東西，當「錄音帶」出現了以後，唱片就式微了；時間再往後，市場上出現了「CD」，而「錄音帶」也就沒了，事實上，到了今天，我們也很少看到「CD」了，現在已經被「雲端」所取代了，直接在「雲端」儲存音樂。

改變才有機會

如果不去順應市場環境的變化去做改變，把原來的東西果斷捨棄，一直依賴原有的東西時，緊抓著不放，就無法往前走。我也犯過同樣的錯誤，記得我們開始創立「實踐家」的時候，當時的市場上流行VHS錄影帶，我們也錄製了很多的VHS錄影帶，一段時間後，我們發現倉庫裡還有很多的錄影帶沒有銷售出去，而市場上卻已經很少有人在銷售錄影帶播放機了，因為錄影帶的缺點是使用快轉、慢轉多次、或是用久了之後，畫面就會糊掉，所以「VCD」很快的就取代了「VHS」。而此時該如何是好呢？因為東西放在倉庫裡就是一種庫存，非常佔空間更是一種成本的浪費，如果此時不大膽地否定自己的現況，及時止血，斷尾求生，未來如何存活下去？

臺灣曾經非常優秀，全世界曾經都對「臺灣製造」的印象非常好，所以我們能夠很驕傲地向全世界說：「MIT」（Made In Taiwan）。但是很可惜，當我們落入「臺灣製造」品牌的迷失中時，優勢反而消失了，我們的宏碁電腦（Acer Incorporated）曾是全球前四大的電腦廠牌，我們的HTC手機（HTC Corporation）也曾是世界上受到歡迎與肯定的手機，HTC的前身是多普達（dopod），甚至曾是全球排名前幾名、最早輸出智慧型手機的公司，可是現今HTC的股價已經從一千多元降到了一百元以下；而宏碁電腦則開始啟動組織內部的再造，以硬體來說，宏碁電腦的占有率已經越來越下降了，為什麼呢？因為「平板電腦」越來越多樣化，儼然已取代與改變了今天電腦的地位。因此，宏碁電腦開始了雲端的大數據庫、資料庫，他們轉向電子化服務與「自建雲」雲端服務，並邁向軟體、硬體與服務的整合型企業而努力。例如，歌手江蕙的告別歌壇演唱會因寬

宏售票系統狀況百出招致眾多民怨之後，宏碁的榮譽董事施振榮先生便宣布由宏碁接下九萬張加場票券的售票作業。此次售票作業由宏碁電子化服務（Acer e-Enabling Data Center，簡稱Acer eDC）與宏碁雲票務、電子付款交易平台等合作協辦，同時，宏碁也明說此舉是宏碁轉型雲端服務的「里程碑」。我們可以看到宏碁開始轉向票務的處理，因為購票瞬間會湧進大量訂購者，所以需要更好的數據庫來處理。很明顯地，宏碁開始在改變。一個企業如果不改變，就一定會被消滅，這是必然的現象。

每個企業的成就都是來自於自我的大膽「否定」，因為若是你不處理好自己，就會被別人處理掉。我經常問人：「自殺比較痛？還是他殺比較痛？」正因為我瞭解到自己滅了自己，至少我是死在自己手上，若是被別人滅掉，可能會莫名其妙地不見了，你怎麼死的都不知道。事實上，這也不是真正的「死」。企業的經營如同蜥蜴的斷尾求生，斷掉的尾巴以後還會再生，所以不要害怕，要勇敢地切斷爛掉的尾巴，才能繼續運作下去。

當新時代來了，除了新時代的推移外，新東西隨著出現了，此時你該怎麼辦呢？當然就得去改變了，必須勇敢地拋棄過去。我也曾經慢了很久，當「微博」出來時，是大陸主流之一，而我卻沒有好好把握住它，因為我覺得Facebook比較好用，但是大陸卻沒有開放Facebook，於是我才使用「微博」。但是到了「微信」出現以後，我也猶豫了是否該繼續使用「微博」？還是改用「微信」？現在你不得不使用「微信」了，它已經是人們生活的一部分了。我要表達的是，任何新東西的出現，你要看得比別人更前面，領導者要有前衛的思考能力，外人也許會認為你是見異思遷，但這是兩回事，見異思遷是不專注，而前衛思考是在捍衛公司的企業核心價值，是要繼續往未來發展。

我經常問別人：「你活下來為的是什麼？」舉例，VOLVO富豪汽

車（中國稱沃爾沃汽車），VOLVO迄今不知換了多少老闆呢？現在的老闆是中國吉利公司集團李書福，今天VOLVO若是經營不下去了，是要讓這企業死掉、不見了，才真正對得起這個企業的創辦人，對得起你的廣大用戶？還是說，雖然換了不同的人來經營，但是這個企業、這個品牌還是繼續存在？

IBM把個人電腦事業部賣給聯想集團，至少它的ThinkPad系列還在，若不這樣做，可能無法繼續生存下去，因為它不是IBM發展的重點，有本書《誰說大象不會跳舞？》，描寫IBM在90年代轉型成功的故事。

IBM在最早期時，是生產打孔機的，之後再轉型改為生產大型電腦，再來是做個人電腦，現在轉型為為企業做商業解決方案的服務，不再生產電腦了。

IBM第一代領導人老沃森的思想一脈相承。老沃森過去常去實驗室問年輕的工程師：「我們賣的是什麼？」「是打孔機。」「錯了！我們賣的是滿足客戶需要的產品。」IBM是做什麼的？一百年來，這個問題的答案不斷在變，打孔機、大型電腦、PC機、軟體、服務……IBM的轉型似乎隨時都可能進行。也正因為它隨時準備改變一切，引領資訊科技走向變革，也成就了自身的百年基業。

有個報導：1900年，全美25強企業裡，經過了60年後到1961年，只剩下2家企業還存活著，其中一家就是IBM；在1961年全美最強的25家企業，在過了50年後的2011年，只剩下4家還存在，有一家是IBM。所以，IBM從早期打孔機開始，到大型電腦，到個人電腦，最後到了現在的智慧地球（雲端服務），為企業提供商業解決方案服務，強調高性能計算，從商用到個人，最後為企業提供整體的解決方案服務，它始終都是一家巨

型的企業，繼續存在。就像我們實踐家集團一樣，我們從事成人教育培訓事業，它可以經營這麼久，是因為成人培訓在未來是這個產業裡的「紅海」，而我們也認為青少年的教育會是個「藍海」，所以我們早在三年前就開始布局，進入青少年教育的領域，一旦進入布局階段，我就必須捨棄一部分的東西。2015年10月底中國大陸已全面開放「二胎」，這樣一來，一年就約有2400萬的新生兒，而我們的提前「卡位」，就顯得更加有價值了。

　　經營企業一定要有這樣的核心精神，如果有退路，那就很難前進了，要在每一次的改變做好，把它當做新生的開始，在每次新事業的投入、新的開展時，都當作是一個全新的開始，沒有退路的開始才會全力以赴，才能把企業經營得強大。

21 企業的社會責任：
取之於社會，用之於社會

　　企業的社會責任（Corporate Social Responsibility，簡稱CSR）的部分，在早期的社會裡，是不被重視的，現在卻是大家所強調的觀念，「CSR」已經成為標準的名詞，很多雜誌也都編列所謂的「CSR論壇」，報導、表揚，並認定最具有企業責任的公司，漸漸開始帶來較大的影響。

　　近年來休閒帆布鞋當道，幾乎人腳一雙，而其中又以「TOMS」最為火紅，創辦人麥考斯基（Blake Mycoskie），在一次的旅遊時，看到當地很多人沒有鞋子可穿，回到家後，就開始募集鞋子，然後寄到那邊去，讓那些人有鞋子穿，但是後想想，這樣長時間的募集工作，來不及補充需求，於是他在當地創業，成立了「TOMS」，以鞋子為起點，將奉獻精神融入企業經營，每賣一雙鞋、就捐一雙鞋；「TOMS」三個字母取自單詞「Tomorrow」，意思是「明日之鞋」（Tomorrow's Shoes），期許因為TOMS的存在 會讓世界的明天更好一些。麥考斯基說：「我不只是想分享TOMS的故事，我更想啟發更多人從事社會企業。」此後，「賣一捐一」的商業模式已被許多企業沿用，來改善第三世界國家生活問題。麥考斯基指出：「賣一捐一模式，正是TOMS成功關鍵，因為雖然這會使成本增加，但若我們沒有賣一捐一，連TOMS這個品牌都不會有。TOMS想證明奉獻和營利事業並非水火不容，企業若持續回饋，反而可以一直成長；我們比較像一個運動，而非公司。」這就是具有企業責任的做法。

　　企業責任其實還蠻有意思的，一般人來看這事件，認為這是花錢的事，但事實上並不是如此，如果你願意投入這個部分，對企業而言，在營收方面會有更多的幫助，更大的加值。我們以「金車飲料」為例，金車飲料在民國68年成立，同時也成立了「金車飲料教育基金會」，我曾經在這裡工作了六年多，在一個機會裡我問老闆：「您為何在成立公司時，同時也成立了基金會？」他說：「有很多人常說要等到賺錢了再回饋社會，但是我想，未來我不一定有錢，說不定有錢時也忘了要回饋這件事，所以我從現在起，養成習慣，一步步的回饋。」這位老闆李添財先生是一位令人敬佩的長輩，他對於我的影響相當重大的。他的想法令我印象深刻，他不是等到未來才要去做回饋，而是當下就開始實現。

　　公益基金會對企業的形象有很大幫助，像是夏令營、饑餓三十……等等一些知名的活動，與慈濟合作「人間淨土」等等，這些都是我曾經手過的，所以我非常清楚明白這些事情的過程。由於基金會帶來了很好的企業形象、名聲，像伯朗咖啡、金車飲料等獲得了很好的回報。有很多企業是花費了很多資金投入在公司形象廣告上，強調自己的產品有多好，而金車的伯朗咖啡、藍山咖啡的廣告，卻從來沒有聚焦在他們的咖啡產品上，而是強調文化、鄉土的關懷。企業是受到社會的幫助，有了這樣的環境才能去繼續經營企業，所以，企業是取之於社會，就應該用之於社會，這是很容易明白的道理。

　　我們實踐家也是如此，當年成立的第一年，營業額很小，沒有賺很多錢，但是我們還是把錢捐出去了，捐給台中惠明盲校添購樂器，第二年，實踐家的營業額成長很多，所以又捐了更多錢。我一直相信一件事，當你願意回饋社會時，這個社會才會支撐你、支持你。現在一般企業、公司中，哪有像我們實踐家一樣，在兩岸捐了三個基金會：台北實踐家文教基

金會、花蓮播種者文化藝術基金會、中國安徽省設有實踐家文教慈善基金會。我們的想法就是「取之於社會，用之於社會。」有錢人沒有什麼了不起的，他只是擁有再次分配財富的權利，你分配多一些給別人，你就會擁有越多，你分配少一點給別人，自然你所擁有的就會越少，所以回饋是必然的，就像「TOMS」鞋子，正是如此。

有越來越多的人會做同樣的事情，像是中國信託銀行，每年在敦化北路那邊的總公司舉辦耶誕節點燈活動，透過信用卡捐款方式送禮物，花旗銀行也舉辦過類似的活動，所以，當大家的產品品質都做得相差不多的時候，人們的選擇變得多樣化的時候，消費者可以比較的部分，已經不再是產品的好壞，而是企業對於社會價值的貢獻，也就是說，消費者已經注意到榮譽感。以前所謂的榮譽感，是一種名牌的炫耀，但是未來卻不是如此，而是對企業的一種肯定，企業的榮譽是來自於對社會的貢獻，所以名牌的炫耀、企業的肯定以及對社會的貢獻，這是企業發展的歷程，最重要的部分，還是企業對社會價值的貢獻，它決定了企業的真正榮譽感。

有個珠寶品牌，每年都會上市一款特別的愛心款，消費者原本就會買它的系列產品，但是你每年都會多買這個產品，因為這款是愛心奉獻款，消費者買了這款愛心型珠寶，公司就會為你捐出一筆款項，去幫助某些特定對象，重點並不是你賣了多少產品、捐款人有多少，而是這些消費者會感受到自己也為愛心盡一份心力，而企業在為消費者解說這些需要幫助的人的時候，同時也讓大家關注到這些需要幫助的族群，這是一個互相給與的社會，如果社會上的每個人都只會去「拿」，這個社會就會變成地獄，反之，社會上的每個人都願意「給」，這個社會就會成為「天堂」。因此，所有企業都願意善盡一分責任，這裡就會成為天堂。現在中國大陸，由很多企業一起聯合成立「大自然協會」，會長是馬雲，他們在大陸的西

北沙漠地方，種了很多樹，可以防止沙塵暴的產生、解決空氣、氣候暖化等問題，改善更多地表問題，為地球種植很多樹，涵養更多的水分，行光合作用，可以帶來更多的氧氣。

有時，你無法理解，為什麼有人告訴你抽菸有害，馬來西亞、新加坡政府加強宣導抽菸有害，他們的政府要求廠商在菸盒上印有一個很噁心、恐怖的廣告，告誡大家：吸菸會致癌。當企業生產的東西是在破壞地球的同時，你就得為救社會而付出一分心力；台灣也在討論有關菸稅問題，每賣出一條菸就要捐出錢。這的確如此，你破壞社會，就要重建社會。有一家公司表示，他們用了多少紙張，就得要種多少樹，因為樹是紙漿的來源之一。如果每個人在提取使用這些資源的同時，都能夠對這個社會有一份心，盡了一份力，這個社會就不會只有「掠奪」，社會最恐怖的就是「掠奪」。而對企業而言，我們只是匱乏（scanty），不夠了就會去「拿」，就會偷工減料，顧客投訴浪費產品，各種情況就會變得不好，如果我們能夠為對方彼此考慮，而不是只有考慮到自己，這是很基本的態度。

創業路上找對同行者

～找對人，就成功了 90%

22 創業，無需孤軍奮戰
——創業孵化器

　　台灣有很多的育成中心（中國大陸稱：創業孵化器），很多學校裡都設有育成中心，學生在那裡可有很多的想法，可以來創業，之後有青輔會、經濟部中小企業處……提供十萬、五十萬台幣的創業補助，但結果常常流於只是撈錢、表面形式走一下場，並沒有給予創業者們真正的幫助，因為他們沒有一個空間或地方讓這些人好好地聚集在一起，輔導他們，沒有徹底落實當初創立的宗旨。

　　在中國，有很多的「創業孵化器」對他們創業者提供很多的補助、支持。舉例來說，在上海，即使是在工業地，只要你願意在裡面成立創業孵化器，就可以把工業用地直接改成商業用地，立即享有土地變更帶來的好處，原本是工業用地，蓋工廠不值錢，改成商業用地後，只要這裡設立創業孵化器，這地方就變得值錢了。由於鼓勵大量設立創業孵化器，讓一群有創意的人聚集在一起，一起工作、一起討論、一起創業、一起輔導，目前這樣的案例在大陸非常多。例如，大陸有一「創新工場」，是由李開復博士創辦於2009年，旨在幫助中國青年成功創業。「創新工場」是一個全方位的創業平台，旨在培育創新人才和新一代高科技企業。他一開始很便宜地投資他們當作種子基金、天使基金，在投了項目之後，這些項目可以再引進其他的風投進來，他們就能以非常高的倍數退出，他們就是在投資年輕人的創意。他是第一個開始做「創業孵化器」的人，是一個成功的案例。

　　創業孵化器（台灣稱育成中心）這個概念是將創業者集中在一起，因為創業者在家容易怠惰，而創業孵化器裡有老師可以諮詢，有一些優秀的創業夥伴，大家在創業的路上可以相互支持，相互協助。創業孵化器會為你安排法律諮詢、財務規劃、市場調研、找人才……等等各種支援，在創業的道路上如果沒有去瞭解法律條文對行業的規範很可能埋下失敗的種籽，所以有了這些法律、財務（資金）、審計……等等的安排措施對你的創業是有很大幫助的。

　　在「創業孵化器」裡會安排路演（road show）協助創業者找到投資者、支持者。在上海市，上海市政府在閔行區提供了四千多米平方的地方，給我們做創業孵化器，在馬來西亞拉曼大學（TARUC）有提供地方設立創業孵化器，於是有了「大學生創業孵化器」；而在台灣的台北、台中、高雄，我們也有創業孵化器，所以，在中國大陸、台灣、東協（Association of Southeast Asian Nations, ASEAN）都有我們的創業孵化器。所以我們非常歡迎想創業的年輕人與我們聯繫，在這本書裡，只要你仔細把它讀完，就能完成你的創業計畫書，然後投遞過來，我們可以在這裡面挑到好的項目，來協助、輔導你創業，安排你進入到「創業孵化器」裡，創造更大的價值。

　　「創業孵化器」是很有意義的，而對於投資商來說，創業初期的投資比較類似種籽階段，一種播種的做法。種籽在地下是否會長出苗來，不知道？在種籽階段，你也無法辨識出這是木瓜還是番石榴，是吧？在它還是種籽的時候可以想像去預見它的未來，預見它是發哪種芽，所以你為了預見未來而投資，在那時候，你可能是投資成本最低，所佔有的股份最大，可是相對的風險也是最高的，但卻很值得。不創業就等死，與其在原地等待，不如勇敢地把你的種籽撒下去，去灌溉、澆水，一點一滴慢慢地灌溉

而成，價值就會呈現出來。

　　我認為「一帶一路、互聯互通」，是未來國際化的概念，大眾創業，萬眾創新是創業概念；「一帶一路」指的是以陸上的「絲綢之路經濟帶」與「海上絲綢之路」貫穿歐亞大陸。一帶是從西安出發，沿河西走廊，途經中亞與西亞進入歐洲；一路則是取道麻六甲海峽西進緬甸與孟加拉，再取道東非，從地中海進入歐洲。這兩條路線都以中國為發展中心，向世界各地發展。將國際概念的東西和大眾創業萬眾創新結合在一起，一定能帶動「國際創業，全球創新」。也就是一帶一路、物聯網是國際化的概念，大眾創業，萬眾創新是創業創新概念，國際概念與創業結合在一起，兩者一定是「國際創業、全球創新」，為了做好全球布局，所以我們設立了「孵化器」。

　　事實上，我們在花蓮有一播種者園區（學堂），是我們在台灣的創業學校，我們在台灣的北、中、南有設有創業孵化器，我們呼籲更多的人出來勇敢創業，這是我們最想說的。台灣不能再有「小確幸」的想法，因為我們的「小確幸世代」即將面臨中國大陸「最拼世代」的挑戰，結果將會如何？

力挺你的夢想

　　年輕創業者是城市未來的希望，如果有年輕人想創業卻沒有人可以指導、不會寫創業企劃書、找不到合適的創業空間，只要你的創意夠好，歡迎你來找我面談，「實踐家」在台北、台中、高雄、花蓮都有全新裝修完成的創業孵化器（台灣稱育成中心），已經準備好要帶動更多的台灣青年創業。進入創業孵化器你將接受導師的培訓、專家的輔導，讓你更有能力創業。一般創業失敗率高的原因是創業的過程全靠自己摸索。但是如果你

進入到創業孵化器來，是一群有能力的人來幫助你、輔導你，你可以規避掉很多的風險，而且是一群有創業情懷的人在一起，他們的熱情可以阻絕你的怠惰，所以進到創業孵化器來會比較容易成功。

說起來現在的年輕人真的很幸運，只要有創意，不論是空間、設備、商業輔導，甚至資金，都能找到有人願意提供協助，不像從前，沒有足夠的資金、資源，創業根本就是天方夜譚。尤其是群眾募資平台的興起取代了向銀行抵押借款，現在年輕人的資本不在銀行，年輕人的資本在世界，有了募資平台之後，夢想、產品、股權都可以募資。

只要目標和方法明確就不怕沒有創業機會，只要肯努力，就不怕沒有成功機會！要創業，就要勇敢放下。你付出10%的時間和付出100%時間，其結果一定是不一樣的。進入到孵化器裡，你沒有後路，沒有藉口，因為你有父母要奉養、有孩子要栽培，你會開始投入時間去準備創業，總是比一個人在家孤軍奮戰好太多了。勇敢的走進孵化器來，在更多的互動與刺激下，為你的夢想尋找出路與方法，創造出無限大的價值。

 23 創業的團隊

　　以實踐家為例，我與郭老師是工作上的夥伴，也是同學關係，彼此了解，但是這也可能會是霧（誤）區；很多華人創業時，一開始的合夥人通常是夫妻、兄弟姊妹、親戚、同學、同鄉、同事等等，因為是彼此可信任的關係，也因為是熟悉、了解彼此，生活面的共同交集也較接近，但也是因為容易有接觸面就不夠寬廣，而侷限了自己的視野與發展。

　　這樣的開始並沒有錯，只是隨著企業發展的需要，就有必要修正你的團隊，如果不視情況修正團隊人員的組合，除非是原有團隊人員願意學習、成長、自我蛻變，但事實上這是很難的，所以這是創業者將會面臨的問題。

　　首先，可以從上述的幾種人際關係去找尋，即使是熟悉的關係，也必定要有遊戲規則，親兄弟明算帳，否則將為創業者帶來隱患，像是「都是自己人、算啦、沒關係」等等這類的情形，這些情緒性的問題都是在累積未爆彈，剛開始你或許會覺得沒什麼、不計較，一段時間之後，這些的情緒就會爆發，累積了很多的「不計較」後，就變成了大計較了。在階段性的小計較、沒關係的問題，因為沒有去處理、去解決，經過了一段時間後，就會變成大問題，所以，遊戲規則非常重要。

　　創業團隊有內在、外面的部分，外在要有遊戲規則，內在部分，要有足夠的愛與支持，遊戲規則的重要性就在此。有些人只有愛與支持，而沒有搭配遊戲規則，容易假公濟私，也有人是只有遊戲規則，卻沒有愛與支持，就會以公害私。無論是假公濟私，還是以公害私，都是我們不願意看

到的情形，當初在一起工作、創業，就是希望能創造更大的價值，卻因為沒有把握住這個基本原則，團隊就垮掉了，所以要先談遊戲規則，再談愛與支持。

「Money & You」創辦人馬修・賽伯先生，在公司裡定下一個規則：「凡公司會議遲到者，一律開除。」有了這個遊戲規則，才能穩定團隊。

 要找什麼樣的人？

創業團隊的特性是互補性好，還是同質性好？各有其優、缺點。有時同質性好，才不會麻煩，有時卻造成麻煩、困擾，一群人在一起，每個人都想當老闆，天天吵架，企業無法有進展；有時，同質性的人在一起，卻沒有可以做決定的人，這也是缺點。而互補性的夥伴，就像我與郭老師，我是屬於指揮型人，郭老師是屬穩健型人，對別人關懷、願意配合的人，一個在錢的方面衝刺，一個是在後端協助管理，一個是「錢」，一個是「人」，我們兩人合在一起，就是Money & You。以前，我們兩人各有自己的辦公室，職員常常開玩笑說，只要有問題被林老師罵的時候，林老師一定罵的你狗血淋頭，全身四分五裂，頭也會被砍下來，只是你的頭被砍下來後，一定端著自己的頭，走進郭老師辦公室，讓他耐心地幫你把頭給縫回去，所以團隊是互補的。可是互補性的夥伴，也會有缺點，我們缺乏處理行政系統的人才，也缺乏國際財務規劃的人才，所以現在我們開始找這方面專業的人進到我們的團隊。當你清楚知道自己團隊的匱乏在哪裡，就往那裡補充、修正，那麼你的團隊就會越來越強大。

很多人在創業初期，因為只有自己一個人，所以只好身兼數職：CEO兼任COO、CFO，但是這樣一來，一定無法各方面都能顧及周全，

小規模的公司或許可以這樣做，但是稍微大一點規模時，團隊的人才要如何找起？從既有成員培養？還是找尋空降的？事實上，在這個多元時代，要視你實際發展的需求來決定如何找人，如果能夠從內部人員來培養自然是最好的，可是最大問題點在於，時機當前，培養方式是來不及的，如果你自信於自己團隊還不錯，自信於自己的環境還不錯，你為何不大膽啟用空降人才呢？只要空降者能認同你的企業文化；有時在公司服務十年的員工，還不如一位空降到公司的人要認同公司文化。為什麼這樣說呢？

我在一次演講場合認識了從事生產太陽能相關產品的皇明集團老闆黃鳴先生，聽到了他們介紹太陽能產品，以及如何對待自然環境、利用天然資源⋯⋯等等，我非常認同他們的理念，也了解到黃先生是一位極富有社會責任的人，他說到皇明集團的願景是「為了子孫的藍天白雲，你可以不要用皇明的產品，但你一定要使用太陽能產品。」這個願景感動了我，所以我常常在各個場合裡提到皇明太陽能集團，甚至我還跟他們要了公司的Profile電子檔，把這個內容當作故事來說，每天講，直到這件事傳到黃先生耳裡，他發現只見過一次面的人，居然比起每天只為領一份薪水、股票紅利的員工還要熱愛皇明、認同皇明的企業文化，於是邀請我擔任皇明集團的獨立董事。

創業時所找的團隊，是要真正能夠熱愛這份事業的人？還是要用一個把這裡當成替代方式的人？所謂替代方式是指什麼，就是把創業當作是一個比領月薪還要好一點的收入的就業方式。抱著這種心態的人，在創業團隊裡，經過一個階段之後可能就失去活力了，創業前原本他的薪資只有三、五萬元，創業之後可以有十萬、二十萬的收入，所以就容易滿足這樣的小確幸。

如果你創業的初衷只是希望未來收入可以多一點，而不是對於這個工

作、這個事業的認同與熱愛，若你遇到的是這樣的合夥人時，企業的發展就只能侷限於二十萬了，不容易有更好的發展。所以要找真正想要創業，有夢想、有使命的人來加入，成為團隊的一份子。如果你遇到的團隊他是滿足於從小確幸到中確幸，之後就不再往前跑的人，像這樣的情形，企業的發展也會變得很辛苦。

所以，團隊的成員要有共同的夢想，各自有各自的使命，在創業努力的過程中，可藉由夢想的達成，來幫助個人的夢想實現，這樣的團隊就很有意義了。如果你不斷地要求團隊犧牲自己，不用多久，他就不想再犧牲了，如果企業在達成企業夢想時，同時也能達成團隊裡個人的夢想，這樣的團隊才能存活得比較久。意思是說，如果一群人聚在一起想共同創業，成為亞洲最專業的教育機構，而在這團隊裡有人會想：未來這個機構若成為亞洲最專業的教育機構，表示他也會成為亞洲最好的教師，這就是達成企業夢想，同時也達成個人夢想。所以，你要去了解每位創業夥伴的個別夢想。

有人想說進到這個機構來，就是想要擁有一棟別墅，讓父母、家人都能住在一起，所以大家共同努力，公司設定年度目標是營業額二億元，利潤是15%，三千萬，保留一半作為公司發展運用，另一半作為公司紅利分紅，五個股東，每人可分得三百萬……等等，若能繼續這樣共同努力，很快地個人的夢想一定可以實現，這就是達成公司目標，同時也達成團隊個人的夢想。在一個精緻而優秀的創業團隊，是大目標實現時，同時個別小目標也具體實現，千萬不能要求你的夥伴犧牲個人的目標，只配合團隊的目標。

共同創業夥伴的條件是要找有能力的？還是忠誠度高的？到底應該找尋哪種共同創業夥伴？這也是創業者會面臨的問題之一。依我個人認為，

忠誠度是比較重要的，有忠誠度時，彼此是互信的，而能力是可以培養的，在一群有能力、有向心力的人所組成的創業團隊，若是缺少具有專業能力的經理人，可以透過外聘方式找尋，不一定需要股東團隊自己來做，所以，創業團隊要彼此互相信任，一旦互信沒了，就會產生彼此勾心鬥角的情形，無法和諧共同合作，公司也就無法往前發展，你很難想像創業夥伴將你在朋友圈裡封鎖起來，只有工作，沒有生活交集，對方完全不知道你下班後、工作之外所發生的事，這樣的關係是無法長久的。

24 找對人，做對事

　　創業團隊在創業過程中，擁有好的人才團隊是不可缺少的，凡事能夠成功，絕大多數原因都得力於人的因素，只有「找對人，做對事」才能給公司帶來最大的效益及價值。

培訓員工符合企業本身的人力需求

　　創業者其實不是一個人，而是一群人。當你有創業的想法時，一定要找來一群認同你、與你有同樣想法的人一起合作，這就是你的創業團隊。「人」才是企業中最重要的資產，是需要經營，是需要培訓的，而創業團隊是需要經過完整的培訓才能符合公司本身的需求，若是沒有經過一定程度的培訓，絕對會出問題。因為這群夥伴來自不同的學歷、經歷、環境等等背景條件都不同，就像我們「Money & You」的課程中，有個套圈圈的遊戲，學員約有10分鐘的練習可以自行模擬，在這個過程中，就是讓學員多做一些嘗試性的練習。試想你從來沒有做過的事，讓你馬上投入新的陌生領域，一定會發生問題的。譬如，一個汽車修護工作人員，他在學校讀的科系是汽車修護科，課堂上，常常做些敲敲打打的修車練習，不知道已經敲壞了多少部車子，累積了一些修車保養的經驗後，等到正式投入職場上才能夠把毀損的車子修好，否則車子一定會被修壞的。同樣地，今天一名醫師的學成出師，應該感謝很多大體捐贈者，讓他在學校上課時，有機會演練、練習，否則也無法在畢業進入醫院後可以發揮專業，操刀、開刀。所以培訓就是這樣的一個概念，有良好的培訓，才有辦法把工作做

好。

　　招募合適的人員是組建創業團隊最關鍵的一步。首先要找什麼樣的「人」才是適合一起工作的夥伴呢？到底是要找有能力的人，還是找忠誠度高的人？以「Money & You」的角度來看，你就是錢，錢就是你；人對了，錢就來了，人若有錢了就會變了，人若變了，錢就不見了，所以先找一個「對的人」。什麼是「對的人」？認同公司使命、公司價值觀的人就是「對的人」。「水果杯」是在「Money & You」課程裡面所提出來的概念，公司如果是一只水果杯，員工就是杯內的水果，每個人都要認同水果杯內的事，若是無法認同公司的目的、目標、政策、產品，他就不是「對的人」。

　　「水果杯」的概念是指：一個團隊就像一個大的水果杯一樣，這個大的水果杯裡面有很多的水果，而這個杯子就是一個團隊組成的元素，裡面的水果就是組成團隊的個體，所以不同的團隊是由不同的個體在不同的規則之下所組成的，這就是水果杯的一個基礎概念。當然，每個人可以設定自己不同的杯子，這個杯子包括了所有公司的組成，例如：它有自己的目的、有自己的政策、產品、有自己強調的目標等等，這些是屬於遊戲規則的部分。那麼團隊成員的部分則是：我需要用什麼人、企業的文化是什麼、需要什麼精神將它連結在一起等等。

　　好的團隊如果要成為高效運作的團隊，首先要先提供一個環境，在這個環境裡面，每個人都要有很高的歸屬感，能夠確認自己的位置，然後互相合作、齊心合力，彼此為了共同的目標去努力。所以我們說：一個團隊就像一個裝滿了水果的水果杯一樣。

　　團隊，有選擇自己成員的權利，就像水果杯不會容納所有的水果，只有經過挑選的水果才能夠被放進杯中。相對地，團隊的成員也有選擇的權

力，也就是說他們可以選擇要不要進入這個水果杯，當他選擇進入這個水果杯的時候，就表示他們接受這個水果杯裡的環境、規則、制度，同時也接受杯子裡面的其他水果。

這個共識非常地重要，因為當你進入團隊的時候，除非你是初創團隊，自己開公司當老闆，否則剛進入團隊的時候一定會有其他的成員在裡面，所以當你接受這些水果杯與制度的同時，也必須開始學習接納這個水果杯裡的水果，也就是這個團隊的其他成員。

認同公司的目的

首先談到認同公司的目的，「目的」乃指公司存在的目的，何謂公司存在的目的？例如，阿里巴巴公司強調公司存在最重要的是「誠信」，只要發生了任何涉及到誠信問題風吹草動的事情時，就會傷害到公司。阿里巴巴曾經被懷疑賣假貨事件，致使公司市值在美國股市馬上跌一、二百億美金，這影響是非常明顯且巨大的。今年，2015年淘寶雙十一光棍節的紀錄是，單日銷售額達912.7億人民幣，這是非常龐大的數字，但是據說退貨率也很驚人，甚至有些商家飆破40%，而網路上也有謠傳今年「雙十一」淘寶天貓退貨金額竟有574億。退貨事件代表示了兩個含義：一、假貨，二、物流跟不上。當一家公司十分強調「誠信」的時候，若是發生這樣的事件時，就帶來了很大的考驗。所以說，要找到能夠認同公司的存在目的與價值的人，就顯得非常重要了。我們實踐家集團，同樣也非常強調「廉正（integrity）」，正直、廉正、堅持到底，integrity的精神就是我們的核心精神，如果我們做不到廉正，也會對公司產生致命傷害。

 **認同公司的政策**

再來要談的是「政策」，不認同公司的政策，應該也無法在公司生存，這是很容易理解的。在2011年，德國有人提出「工業4.0」的想法，但是事實上據我的了解，在中國有個「中國紅領集團」（老闆是張代理先生，今年61歲），主要做的就是男裝訂製的事業，這家公司在2003年就已經提出「C2M（Customer-to-Manufacturer）」從客戶端直達企業廠商端的概念，提供個性化、定制化的製造，比德國的「工業4.0」概念還要早了八年，這是你我很難理解、想像的。

「中國紅領集團」的張董認為一家企業裡的中間層部門體制最終會被消滅，也就是屬於中間層級的部門可以全部撤掉，未來是就是顧客直接對應到企業、廠商，客戶直接對應到老闆，而中間的部門體制將不再需要了，這是他們公司政策上很重要的轉變，也是公司未來發展的格局有了很大的轉變，因為張董對公司的想法有這樣的轉變，全部的員工就得要配合來取消這些中間層級的部門，員工就得要去接受、配合做公司政策要求的布局，否則就無法在這家公司生存下來，員工都要配合公司的經營型態轉型而有所改變與調整，所以轉型過程中，是否能夠配合政策，就很重要？若是員工無法配合，就不得不選擇離開，這不是員工能力不好，也不是公司的錯，而是公司若是不轉型，就無法在業界生存下來。

以前我當兵時曾經在《馬祖日報》做過主編工作，當時讓我印象深刻的是報社所使用鉛字排版方式，例如「我」的鉛字有很多種大小不同的字級排成一列，撿字師傅的工作就要找出適合大小的「我」字來放入稿內，是一種人工化的作業方式，現在應該不存在了。在我退伍時，報業有了電腦排版系統，所以那個很大的鉛字工作房很快就要被淘汰了，因此排版的

撿字師傅將面臨失業的窘境。這是不得已的決定，因為業界都開始使用電腦排版，不再使用人工鉛字排版法了，當報社在轉型的時候，這些撿字師傅就要被淘汰，無法留在公司工作，當時的社長，他並沒有因為要轉型電腦排版系統而從外面聘請師傅進來公司，而是在準備汰舊換新的前三個月，報社就開始大量訓練這些既有的撿字師傅，報社要轉型，這是不得不做這樣的決定與訓練，所以說，公司政策改變時，員工不得不配合相關措施的調整、改變，才能長期適應下來。

認同公司的產品

再來是產品，你找到的人一定要對公司的產品有股無與倫比的熱情，絕對的熱忱，這樣的人留在公司內才有他的價值。舉例，在1988年，我買了我生平的第一部車子是喜美Honda Civic，車廠交車後，我開了新車上了高速公路，才發現車窗玻璃無法自動降下，於是打了電話聯絡賣車的業務員協助處理，他回覆說：「可能是車子拆開做防鏽處理時，師父忘了將電源接回才會發生這樣的事情，這事情很容易處理，你明天把車開回廠來，我們很快就能修好。」於是，隔天我就把車開到新莊車廠，我怕會遲到，還特別提早到車廠等候，當我看到汽車業務員時，我的心都碎了，為什麼呢？因為他竟然是開Toyota的車，當時我心裡想：「天啊！你是Honda的業務員，怎麼開Toyota車子呢？」當然，你可以有個人的選擇，可是對於你工作的認同上來說，這是無論如何都無法令客戶理解的。任何一個賣保險的業務員，你們自己有買足夠的保險嗎？若是沒有，你所從事的工作就無法支持你所說的，這是很容易理解的事情。

符合公司的目標

　　再來談到的是「目標」，依公司的發展有其階段性的作用，這個人有可能要打天下的，另外一個人適合守天下，在公司轉型研發創新的階段時，可能會需要某種特定類型的人才進駐，隨著各個不同的目標階段，會需要不同的人才去完成任務。所以，公司有短期目標、中期目標、長期目標，當然，你的合夥人最好是適合你長期目標的人，是可以一輩子一起打仗的那個人，高階管理者是要達成中期目標的人，而基層員工則是符合短期目標，當然，人員是過濾而來的，從短期目標認同出來的人才，他也可能是能與你一起合作中期目標的高階管理人才，而高階管理人在到達一定的合作程度之後，他就有機會成為你的合夥人，這也是一種過程，短期、中期、長期是相互為用的。

　　對於短期目標招募進來的員工，應該要做哪些訓練呢？有文化認同、基礎培訓、技能培訓等等，這是最基本的培訓項目，員工首先要認同公司文化、價值觀，以及職場上可以用到的技術能力部分，這是最主要培訓的內容。如果要符合中期目標所需要的人才，可以培養成為高階主管領導人，那麼領導力、思維、決策、判斷力就更加重要了。

　　很多公司裡的高階管理人會面臨一個很大的挑戰，他會不自覺地仍然把自己定位是個員工，無法真正主導、負責一個企業裡應有的承擔，這是比較大的麻煩。我們觀察到各種銷售組織型態裡，特別是直銷業的組織，你會發現每個人都能很快地做到Team Leader，當他成為一個Team Leader時，很快就能承擔一部分的責任。可是在一般的公司裡面，小主管上面有中級主管，中級主管上面有大主管，在這樣的科層體制下來的人，並不是每個人都會積極主動去承擔他應該負的責任。

在主管的培訓方面，包括了他的思維、視野的高低、氣度格局的大小等等，這些要素決定了你是否成為一個打工的人、或是在未來成為一名老闆，所以在高階主管的培訓時期，主要以儲備未來的老闆、未來合夥人為主。所以，格局的大小、視野的高低、氣度的大小等等都是相當重要的評估要點，因此不要把自己當作基層工作人員、小部門的人來看待。

任何一位高階管理人都可能是你的合夥人選才對，在這個時代裡，你要明白，很多人想要走出去、自己當老闆，在你培訓他時，就要讓他知道公司在未來的發展裡，有他存在的位置，有時培訓不是只有能力的提升，還要透過培訓去溝通未來大家共同要走的路徑，這是相對比較重要的事情。所以，每一場開會都是一種短時間的培訓，而經過三天、五天、十天、十四天的培訓，這樣的培訓可以徹底地讓彼此對未來看法交換意見，創造出更多的可能性。

對於一般企業而言，很少會為合夥人進行培訓工作，但是阿里巴巴公司確實會協助合夥人做培訓，他們希望公司的合夥人工作達到一定程度的時候，能夠把工作停下來，休息兩年去讀書進修、念MBA，去做些提升能力的教育訓練，為什麼呢？因為當你要承擔一個更大的任務時，你必須先拋棄自己原來部門內的一己之見，這是很重要的，因為當你身處在部門內時，只會看到一個部門的視野，可是，突然間你跳脫出來時，你在思考和看事情的角度就不一樣了，因此，作為一個合夥人、高階經理人，最重要的是能夠對企業環境具有整體性、全盤性的視野。

東西方的領導人，兩者有很大的差別；在東方，如果一個從技術面基層做起的人，以技術做有力後盾為中堅，最後可能成為技術總監，但是西方的作法卻不一樣，他們有可能請一個賣炸雞的人來公司擔任機械部總經理，這證明一件事，從事合夥人、高端管理階層工作時，是可以與你的專

業背景無關，不需要具備相關的專業背景，他們注重的是選的這個領導人是否對企業整體有大世界的看法，具備統籌、運籌帷幄、決策的能力，這絕對是最重要的部分，而有關決策、整合的專業知識，是你要去加強提升的部分，有關融資、併購的消息，才是你應該關注的範疇。

中國有個很有名的集團叫萬達集團，老闆王健林，他們最近在執行全球性的併購交易，過程中發現有很多是他們並不熟悉的領域，在併購的過程中才發現，原來可以把任意領域的人才，放在一個總裁級、CEO級的人選裡，他可能從來沒有經營過汽車業，卻能接手經營汽車業，因為他所需要的不僅僅只要懂汽車專業，汽車專業交由幕僚負責就可以了，反而是一個具有整體宏觀能力，思維、整合、整併的能力，這才是最重要的，不同階段應該給予不同內涵需求的培訓，而這樣的作法，與中國社會裡，為了謀求一個位置，父母教育小孩是從小到大，致力於這個位置能力的培養思維，是很不一樣的。

選人、用人，適才適所

我們有各種不同的看法去找尋適合的人選，但我比較認同的是：一、是否認同公司使命；二、道德價值比較重要；三、人的人格特質；四、性格特質。

每個人的人格特質都不一樣，有些是屬於誠實正直，道德、廉正、信仰、捍衛公司價值觀等等，這是我們認為找人最重要的部分。至於性格特質，可以各取所需，依照不同的性格特質來安排適合的職位，有的是主動、積極，有的是害羞、內向，相對的可能比較會做分析、謹慎，不同的人有不同的性格特質，放在不同的崗位上。

一個創業團隊，在招募人員時，最好能夠找到以下這四種特質

兼顧的人，在「Money & You」裡有提到「DISC人格特質判斷」，「D」、「I」、「S」、「C」，四個字分別代表英文字的字首，D是「Dominance」、I是「Influence」、S是「Steadiness」、C是「Compliance」等四種主要性格特質。西元1928年，馬斯頓博士發現：行事風格類似者，會表現出類似的行為，並成為處理事情的方式與溝通的模式。因此他把人類正常的行為分為四大類：D型的人，I型的人，S型的人，C型的人。如下說明：

D型的人：

意指支配、指揮者，是支配型的人，又稱為發號施令者，所以團隊裡面通常是屬於領導者特質的人、會去要求別人的人，什麼事情都由他支配、由他決定、由他命令、由他發號施令。那麼這樣的人你要他去做和大家一樣的工作，他就會不適應，可是你給他一個領導的職務、給他一個小團隊，他就可能做得比較好。D型的代表人物有誰呢？拿破崙。他橫掃千軍，說打就打、說做就做，就往前衝了。

I型的人：

意指影響、社交者，是影響型的人，又稱為社交者。影響型的人就是他喜歡熱鬧、群聚、喜歡和大家在一起、喜歡發揮自己的影響力帶動大家。在團隊裡面就像是啦啦隊一般的存在，做什麼事都拉上大家一起。I型的代表人物有誰呢？貓王。他走到哪裡，每個人都很喜歡他，唱歌、帶動氣氛樣樣都行。

S型的人：

意指穩健、支持者，是穩健型的人，又稱為規劃者。任何事情都是一步一腳印地按照規劃來。例如，幾米有一本書叫做《向左走向右走》，故事裡的男女主角兩個人就住在隔壁，隔著一道牆，可是當他們出門時，

總是一個人往左走、一個人往右走，從來不知道對方住在隔壁，等到最後發生地震，牆壁垮了下來，他們才看到彼此。這樣的人就是S型的人，每天就按照原來的生活步調去做，不會有太多的心思去做太多新的決定與改變，不會有太多自我的意見、自我的想法，那這種人在團隊裡面也很需要，因為一個團隊裡要有人努力把天下打下來，S型的人就是努力地在D型人打下來的天下中認真去做的類型。S型的代表人物有誰呢？印度聖雄甘地、德蕾莎修女。

C型的人：

意指服從、思考者，是服從型的人。這個服從不是服從別人的意思，而是服從自己的意思，一切東西按照自己的步伐、按照自己的步驟去做的意思，所以他是分析者。他什麼事都要想清楚、弄明白，才決定這件事情做還是不做，所以他做決定可能比較慢，因為需要想得非常清楚、搞得非常明白他才要去做。C型的代表人物有誰呢？知名的物理學家史蒂芬・霍金（Stephen Hawking）。

這四種人沒有好壞、對錯、是非，每一種人都有需要他的地方。你需要「支配型」的人發起革命、打下天下、找到平台；需要「影響型」的人發揮他的積極影響力，帶動更多的人發揮他的熱情，把更多的人放到這個平台進入這個事業；需要有「穩健型」的人成為這個事業裡面的支持者，協助大家往前邁進，但是也需要「服從型」的人，把事情想清楚、弄明白，把整個場景看得更清楚，避免大家一頭熱，只是不斷地投進去，所以DISC四種類型的人，都是我們所需要的人。

一個團隊如果都有這四種人格類型的人，就非常理想、完美了。如果以西遊記裡的人物來比喻，孫悟空是D型，是個支配型的人，擅長打前鋒；豬八戒是I型，擅長於社交，活潑、積極、可愛；沙悟淨是S型，他是

隨從，穩健；唐三藏是 C 型，是法師，個性謹慎。

一個團隊裡，就應該需要有不同個性特質的人一起打天下，像是 D 型人是支配型指揮官，要大家往前衝，I 型就是外交官，在必要的時刻，談笑風聲，能夠處理好人際關係，也要有 S 型的執行官，依照長官要求，認真努力執行任務，同樣也需要 C 型人，類似於幕僚長，把事情分析清楚、明白，並能判斷該做或是不該做。如果創業團隊在一開始就能兼顧到往這四大方向著手招募人才，這樣就能成為一很好的團隊。

我必須要再一次強調，這四種人沒有好壞之分，社會上也需要這四種人，才有辦法創造更大的價值。實踐家也是一樣，以我自己來說，我比較像是 D 型的人，那麼我的合夥人郭騰尹老師就比較像是 S 型的人，事實上，D 型和 S 型就是相互不錯的支持，我想要做什麼事，他通常願意支持我，因此我們就減少很多的爭執、衝突，可以往前進步得比較快。

但是如果一個團隊裡面，全部都是同一種類型的人好嗎？很難說，有時候可能比較麻煩，你要贏、我也要贏，大家不能一起往前衝，最後可能變成彼此廝殺。所以任何一個團隊需要各種不同特質的人，才有辦法發揮更大的效益。

領導者就是示範者

在經過了基礎訓練，從短期、中期到長期目標，從基礎人員到高階管理人、合夥人的培訓，循序漸進地晉升領導階層，成為一個真正合夥人時，等於是公司的老闆，是當家作主的一份子，而領導統御是其中最重要的訓練課程之一，對我們來說，領導的最核心價值與以前不同的地方是，以前所認知的領導人是以超越最多的人，而成為領導者，但是現在已經不是這樣的定義了，幫助最多人的人，才能成為領導者，當你能夠幫助越多

人超越你的時候，你的成就價值就越高，若是無法幫助很多人超越你，你的成就價值就越少，我們應該用這樣的思維來定義領導人才對。

　　如果你從事的是銷售性的行業，你是一位領導者，而你底下的團隊如果業績比你好，你的收入就越高，反之，你下面的人業績越差，你的收入就會越低，所以領導者的工作不是把自己的業績衝得高高的，超越所有人，而是要努力讓團隊所有的人超越你，若是你能夠培養最多超越你的人，你才是領導者，因為你對公司的貢獻才是最高的，這才是一名領導者正確的努力方向。

　　當然，領導者的核心思維應該是言行一致、以身作則，說到做到，這是毫無疑問的。領導者以身作則，下屬就會自覺追隨，示範的力量是驚人的，因為領導者總是員工目光的焦點。我們常說：「言教不如身教」，就是這樣的道理，身教沒有捷徑，領導人自己必須帶頭去做。即便領導者說得再多，教育了員工半天，結果自己卻做不到，是收不到成效的。所以領導者本身就是一個見證者，是一位示範者，以「Money & You」的角度來看，領導者就是示範者，我們的員工們就是接收者，當你做了什麼樣的示範行為之後，他們就會接收的到什麼樣訊息，因此，領導者應該是去示範你所創造出來的七個精神——

1. 說事實，安於知識說事實，領導人要創造出一個充滿說事實的環境。
2. 愛，關愛別人，創造充滿關愛的環境。
3. 信任，創造了一個信任的環境，大家才會願意留下來追隨你。
4. 喜樂，創造充滿歡喜、快樂的環境，這是Money & You的核心精神。
5. 勇氣，領導人應該要有能力激發團隊努力往前衝，成就最大的價

值。

6. 廉正，不僅僅只有廉潔、正直，「integrity」英文的原意是堅持到底，始終如一的意思。

7. 負責任。

這七種精神是企業最重要的「七把鑰匙」。因此，領導人若能夠——一、以身作則；二、創造七種精神的環境，讓大家處在一個溫暖的環境，讓大家能夠超越你。

領導者留下的應該是典範，是好的示範者，你的員工是接收者，當員工接收到什麼就會釋放出什麼來。所以，這說明其中的道理有示範、接收、釋放等這三個步驟。當領導人在團隊裡常常表現出關愛彼此的行為，示範了很多愛的行為時，員工們就會接收到、感受到這裡充滿「愛」的環境，然後就會彼此釋放出更多的「愛」。領導人若能示範出全盤信任的態度，員工會接收到這種很強的信任訊息，然後員工們彼此也就會在這環境裡釋放出更多的信任來。

所以，身為領導者應該要帶動這七種精神，而領導人的主要工作之一，要不斷地去找到正確的人，然後把正確的人帶到團隊裡。

25 創業家的搖籃
——DBS創業學院

　　「DBS（Doers Business School）創業學院」是我多年來創業經驗集大成的結果，在創業的過程中，我曾經失敗跌倒過，面臨資金不足，人脈不夠，資源不齊，幾乎都匱乏，而且沒有接受過專業的培訓，自己糊裡糊塗地就進入了創業的領域，所以失敗是必然的。創業過程都是非常辛苦的，因此我們想要協助想創業的人，能夠有效、具體而系統化地完成培訓，學習到創業者該會、該學的內容，這就是我們為什麼要創辦「DBS創業學院」的初衷。

　　但是「DBS創業學院」並非單純的只想協助人們創業，我們發現最大的挑戰不是新創業者，而是已經創業有一段時間的人，他們是經過多年的創業，回首檢討，他們可能是用傳統創業方法去經營事業，並不知道其實還有其他方法可以改變目前經營的事業，讓公司變得更好、更賺錢。所以我們更希望能幫助已經有事業的人以及已經創業的人，可以更有效、更具體、系統化地來完成他的企業、革新他的事業。因此我們創辦了「DBS創業學院」；一方面「DBS創業學院」也正好符合這時代的風潮——大眾創業，萬眾創新。

　　現在在這股創業熱潮下，所見的是資金滿天飛，到處都有資金支持創業者，可是創業者取得資金後卻不知道如何運用這筆錢，能夠負責任、有效益地使用這筆錢。也有創業者不知道如何闡述自己的產品，因爭取不到創業資金，而苦了自己，而有些人卻能夠將事業計畫講得天花亂墜而取

得資金。所以，我們期望能架起這媒合的平台，媒合的工具，因而有了「DBS創業學院」。

其實實踐家商學院有兩個課程，一個是「Money & You」，另一個是「BSE美國企業家商學院」。「Money & You」比較重視「人」的部分，學習的內容多半是有關人的平衡發展、生活、理財、事業、家庭……等等屬於生活家的層次，而「BSE美國企業家商學院」比較偏重企業家高端的圈子，整合全域資源，擴展廣泛人脈，抓住國際商機、教人如何為社會創造有效財富。是比較屬於企業家的層次。而「DBS創業學院」則是介於這兩個層次中間，因為成為了更好的人之後，他就可以成為更好的創業家，然後才是成為企業家。如果你是懂得珍惜生命的人，我們就可以說你是一位生活家、實踐家，開始實踐你生命真正的道理，所以，從生活家到實踐家，實踐你均衡的生活，再從實踐家到企業家，你要壯大自己的成就等，你要先成為創業家，然候再晉升為企業家。所以，「Money & You」是讓你成為實踐家，「BSE」是企業家，而「DBS創業學院」，是讓你從實踐家晉級到企業家中間的橋樑，讓你成為真正的企業家，這是「DBS創業學院」的創設核心宗旨。

創辦這個學校，希望讓很多人透過學習而獲得以下收穫——

1.擁有企業家的精神、靈魂

因為人會消失，人可以不見，但企業要繼續存在。經營企業最重要的是，即使你不在這世界上了，當我下輩子再度來到這人間的時候，今天我所努力付出的，下輩子我都還能享受到。也就是說，這輩子我努力經營坐月子中心，下輩子我可以在我創辦的坐月子中心享受到新生兒的專業護理；這輩子我努力的經營「Money & You」，下輩子我還能再來到這裡學習；我這輩子努力經營幫助別人創業的平台，到了下輩子，我是一個新

創業者時，我還能使用到這個平台，得到助益，這是穿越時代的理念。

2.解讀政策、挖掘商機

前文章節有提到，「政策就是趨勢，趨勢就是商機」。我希望協助更多人看準政策，懂得趨勢，然後把握住商機，才不會白白努力、白做工，因為方向不對，努力就白費了。

3.創業模型的設計

很多人經營企業，沒有好好設計過他的企業模型，蓋大樓都要做模型，數學會有公式，化學有方程式，而經營企業怎麼能沒有模式呢？所以我們希望幫助大家把創業模型設計出來。

4.打造落地實踐系統

大陸人說的「落地實踐」，是指可執行，有用的。企業家最重要的是系統，你可以想像，一個廚師很會做菜，自己開餐廳之後，還親自進廚房掌杓，那麼他只是擁有做菜的專業而已，永遠也沒有第二人選可以替代他。但是麥當勞的老闆，他不會做菜，也不會做漢堡，但他卻有三萬七千家的店，因為他使用了系統化來經營運作，所以，「系統」非常重要。

5.打造「爆款」產品

在互聯網買家時代裡，「爆款」讓你在一夜之間，舉城皆知，讓產品好到讓人不自覺地替你的產品廣為宣傳。

6.找到資金（眾籌）

現在經營企業，已不用也不需要再依靠自己的資金才能創業，透過眾籌概念，可以讓你更快找到你自己需要的資金。像是前陣子Kickstarter眾籌網聲稱要研發一個智能 USB 線。這可能是全球最智慧的充電線，除了單單是一條USB充電線之外，還可以自動偵測電池是否已充好電，當電池充電完成之後感應器就會自動截斷電力，防止因為過度充電產生的問

題。產品一上架立即受到3C同好的支持與贊助,目前收到超過2200 張訂單,成功集資接近130000 美元。所以只要產品好,就不怕沒人投資你。

7.學會寫商業計畫書

我們將教會你從無到有,把商業計畫書完成,自DBS開辦以來,這個部分是最受歡迎的,因為我們有一群龐大的促銷團隊、教練團隊、導師團隊,會在這七天八夜的「DBS學院課程」中,每天早上六點鐘上課,晚上十二點下課,一天十八個小時,紮紮實實地帶著大家一步一步地做練習。每天早上六點至七點,穿上軍服,上操場,透過有紀律的鍛鍊,很努力地在一個小時內,找出你的企業家靈魂,像是夢想、責任、創新、協作、堅毅以及分享,每天找一個企業家靈魂,累積下來,並落地實踐。每天晚上十點至十一點,練習寫商業計畫書,我們的教練團隊都是認認真真地一個帶著一個,一步一步地帶著學員們完成一個完整的商業計畫書,沒有做完,學生不得離開教室,教練也不會離開,就是要幫助大家有效地完成一份自己的商業計畫書。絕大多數的老闆,當年創業時候,沒有寫過商業計畫書。寫完商業計畫書代表兩個意義:第一,你願意負責任,第二,你想明白了,這很重要,如果你沒有整理好,怎會知道它是什麼東西。

8.路演

所謂路演,就是把你的企業演示出來。我們強調「318法則」,什麼是「318法則」?就是你要能在短短的三分鐘內,讓你的商業計畫書能夠吸引投資者的目光,並在十八分鐘內的談話過程中搞定投資者,因為投資者太忙了,你必須在最短的時間內,完整表達你的計畫,讓投資者看得懂,並願意投資你的計畫,贏得認同,取得對方的支持。只要有機會你都要經常參加路演,因為只有持續的演練才會有成長,越是演練你就越清晰。

9.自律

堅定的自律是對自己最嚴格的自我要求。

10無窮的彈性

彈性是對別人有無窮的包容，既是有原則的自我要求，也能與別人共處的。

「DBS創業學院」的課程是可以複習的，開課地點在台灣、香港、馬來西亞以及中國大陸均有。為什麼是台灣？理由簡單，因為兩岸的概念，台灣是兩岸合作的灘頭；香港是國際城市；為什麼有馬來西亞？因為「一帶一路」的概念，為什麼在中國大陸？因為它是全世界最大的市場，所以我們的課程在這些地方都是可以複習的，你在學院上完課程後，再回來複習時，你可以選擇到海內外其他點去複習，這是不需要再支付費用的。我常告訴學員，「DBS創業學院」的學習很嚴格、很辛苦，每天早上六點到晚上十二點，不想吃苦的就不要來了。課程到了第六天晚上，來自世界各地的學員（都是華人），就會挑出最好的十至十二個項目，然後在隔天的課程中，代表大家做出路演（road show），路演時，各種投資公司、創投都來到現場來看你的項目，所以你要學會如何講，如何表達你的項目、你的事業計畫；路演結束後，好的項目當場就會直接簽約、投資，還會提供創業的輔導，所以，我們「DBS創業學院」自開辦以來，贏得很多學員的支持。

馬來西亞的朱偉光先生，走進實踐家商學院「DBS創業學院」之前經營著一家小小的單車出租公司。來到學院後，把他的商業計畫書完整做好，方案全部處理完，分店開始一家家地開設起來，把原本一間小小的腳踏車出租店，提升到全球背包客最喜歡的自行車旅遊王國，背包客來到馬

來西亞旅遊，可以騎上他的腳踏車到處去領略、去體會這個國家，成為背包客最喜歡旅遊的國家之一。台灣的U-bike是都市人騎的，方便於轉乘其他交通工具，更多的單車騎士比較偏愛環島，屬於挑戰性質的，而朱偉光先生的整個方案是適合每個旅遊者都能騎上他的腳踏車，現在已經獲得馬來西亞政府的支持，並且得到海內外投資者的眾籌。回到馬來西亞後朱偉光立即按照在DBS創業學院中完成的商業計畫書施行改革。半年後，整個夢想計畫獲得實現，並且與政府達成合作，讓他的小小腳踏車出租店變成一個有品牌的Mbike，M是Malaysia，也是my bike的意思，目前在草擬計畫，希望在三年後，他的公司可以上市。

我們真的希望透過這個學院來幫助大家創業，從無到有，從小到大。若你不是創業者，來到學院後，我們幫你找到項目，從尋找最好的項目到最好的商機，開始一步步做起。假如你是已經創業，我們幫助你從找尋企業家靈魂做起，自律到彈性，一步步地培養起來。我們為何要不斷開這個課程？因為要不斷地投資這些創業者，因此，每次的路演完畢，好的項目，我們就直接進行投資，同時也貫徹股權投資的概念，透過這個平台幫助到更多的企業家。我們相信會讀這本書的人，也應該對創業有興趣，想創業，或者已經有企業的，希望把企業做得更好的人，我們會提供一筆獎學金，讀者們可以把自己的商業計畫書投遞給我們（見本書書後別冊），經過我們的審核，好的項目，我們就送給他DBS創業學院的獎學金，可以抵用學費，在這裡共同學習、成長。很好的創業項目或方案，可以免費進駐實踐家集團在北中南的創業孵化器，由各領域的專業人士（財務、法務、產品、行銷……）為你做創業輔導、協助及專業諮詢，並有機會成為我們投資的項目。

26 YDBS菁創學院

　　為了配合大陸的「大眾創業，萬眾創新」的風潮，我們也創辦了「YDBS菁創學院」是針對青少年（十～十八歲）的創業培訓練課程，「菁創學院」顧名思義是精英創業學院，目的在啟發青少年創意、創新、創業的能力。

　　五年前，我們開始開辦了海外遊學營，也叫「未來精英領袖遊學營」，去了很多地方，像是新加坡的國立大學、韓國的首爾大學、澳洲的悉尼（雪梨）大學、美國的哈佛大學、史丹佛大學、英國劍橋大學、牛津大學，幾乎都是當地最好的學校，在台灣，我們去了台灣藝術大學，因為台灣的文創力量是比較強的，所以，我們帶著孩子們去體驗各地的遊學氛圍，由名校裡最好的老師來上課，我們一直都在辦這樣的活動。

　　除此之外，我們還有「Money & You」青少年的課程，已經開辦多年了。為何要辦這樣的課程呢？因為若是讓青少年參與成人的「Money & You」課程，是不適合的。於是我們與美國總部洽談，「DBS創業學院」對於青少年也是很重要的，接著我們開辦了適合青少年的「YDBS菁創學院」，如果有一個好的課程，從小就啟發孩子們創新的能力，開始了創業的思維，對孩子的一生影響是很重大的，於是我們在2015年暑假，開辦了青少年的「YDBS菁創學院」，參與課程的青少年年齡大約在十至十八歲，說實在的，要讓年紀這麼小的孩子去創業是不恰當的，但是這個課程的目的是要先把青少年的創意、創新能力啟發出來，這對於他們在十八歲之後要開始創業時，是有很大幫助的。因為在中國，政府十分鼓勵大

學生一年級就開始創業，甚至休學創業，還有相關的配套措施。所以，大學時期創業是一種風潮，其所佔比率也很高，如果那些青少年們在十八歲以前，沒有一絲創新的觀念、創業的概念、做好一定的創業準備，到了十八歲大一時候，仍然很難開始踏出創業的第一步，那麼在他大學畢業之後，就只能淪為幫同學打工，因為其他同學在大學時就已經創業了。因此我們希望孩子在十八歲以前還未進入大學之前，能夠把創新、創意能力啟發出來，並好好培養，做好準備。

我們「YDBS菁創學院」，有六個精神：夢想、熱血、創造、實踐、拼搏以及青春。

所謂「熱血」，並不是只有抗戰才是熱血，只要在各種領域懷有熱情存在就是。

「創造」指年輕人要努力自己創造，中國大陸的製造、抄襲、模仿的能力還可以，但創造的能力較弱，我們希望孩子在未來能具備創造、創新的能力。人才都是從小培養起，像是台灣的國民黨，就是因為沒有培養年輕黨員，以致於目前枱面上的都是些老人。

「實踐」，夢想說得太多、太好都沒有用，而是要去「做」，真正做到實踐，才是重要的。

「拚搏」，就是從頭到尾拚到底的精神，拚搏精神是很重要的，回想我的過去，我的智商沒有特別高，學歷也沒有很高，但是我比別人更加努力，非常拚，當中國在放十一國慶長假時，我會利用這段時間去馬來西亞等不同的城市舉辦十至十四場演講，因為我希望充分利用生命中的每分每秒，去幫助更多人。

「青春」，年輕就是青春，「青春」也是一種心態，我在年輕時曾經寫了一句話：「累積年輕的經驗、揮灑青春的浪漫。」我們常聽年輕人說

「只要年輕有什麼不可以」，這前提是你要願意負責任，那麼，愛做什麼都可以，千萬不要忽略責任的重要性。在年輕時期，不斷累積更多的經驗後，會帶給自己更多的價值。年輕時候，可以偶而浪漫一下，這就是「揮灑青春的浪漫」。但是「揮灑」不是揮霍、浪費，而是一種恣意，灑脫。在你年輕時候，能夠好好做事，將是你能力的來源。

我們在「YDBS菁創學院」裡，給孩子的課程安排，是要讓孩子們可以往前走，我們會教育他們如何寫商業計畫書、設計商業模型，如何去表達與溝通，同時也給予很好的創新能力之設計與啟發，還有來自海外的科學教育系統……等等。最令我感動的是，這個課程會讓孩子們有實際去做的機會，譬如，我們有投資嘻哈幫街舞學校，他們就會到嘻哈幫的各地分校去學習街舞、了解街舞，甚而去推廣街舞。意即，他們要想辦法找陌生人來街舞學校學習，然後用他們設計好的流程，一群孩子面對一群家長做街舞的推廣，讓他們學習從頭到尾完成一件事而獲得成就感。當你看到一群孩子努力與家長們完成交易後的那種喜悅，那是非常令人感動的。

同時，我們也安排孩子們學習創意，可以寫成一份有創意的商業計畫書，同樣的，我們也找來風險投資、種子投資、基金投資來到現場聆聽他們創業計畫的構想、談項目，而他們的構想也非常有意思。

例如，我們有個學員叫陳卓文，他曾經上過我們的青少年「Money & You」的課程，體會認知到現在的各種競爭優勢地掌握、創業……等等的重要性，他利用幾個星期的時間，把他的想法完整地寫出一個方案來，他發現為什麼都是大學生在創業，他們可以做模型，可以做「路演」，可以告訴別人自己的創業想法，為什麼我們高中生不可以做到呢？於是他想要到各個高中去創立社團，叫做「模擬實踐家」，他還具有專利的概念，曾經問過我是否可以使用「實踐家」的名字，擔心我不同意他使用。這個

「模擬實踐家」的計畫是要在100所高中設立「模擬實踐家」社團，讓高中生也能說出自己創業的想法，去分享自己的創意，去表達自己的商業計畫書，也可以做「路演」，現在他的組織已經號召到十幾所高中了，我相信他這樣一步步的去執行，未來一定可以號召到100所學校參與。所以，你怎能預料你的某一句話會影響到孩子，帶給孩子們的啟發呢？或許可以成就他不一樣的未來。

我們學院中有個叫羅比嘉的學生，年紀才十三歲，他很愛彈吉他，他想要在線上、線下做一個「吉他博物館」，於是做了一個很完整的方案計畫，透過音樂調整人的心情，如何給音樂愛好者去溯古追源，非常認真地去完成一份完整的商業計畫書。

還有一叫學生名叫徐首鵬，他做了一個非常完整的方案，立刻獲得大家青睞，我們投資了他一筆基金，等著他把項目做出來。他的方案叫「大眼喵」，「喵」是貓咪的意思，就是想要做出一個填充娃娃（公仔）。「大眼喵」是一種資訊搜集工具，很多女孩喜歡娃娃，把它當做寵物，透過「大眼喵」搜集一些女孩對寵物說話、心情、喜愛的東西……等等的數據，經過數據分析之後，可以知道現在的孩子的各種喜好、心情好的時候都去了哪些地方、心情不好的時候又想要做哪些事，以及他們有哪些夢想、願望……等等去了解年輕女孩的市場。孩子們的這些想法不一定能夠立刻實現，可是卻能啟發創意，未來還是有可能實現的。

還有個學生名叫孟陸成，年紀十歲，他長得白白胖胖的，他說：「胖子沒有尊嚴」，心情很沮喪，他媽媽特別為他設計了一款三明治，吃了這個三明治後，會有飽足感，但不會變胖，於是他想要做一個「三貴寶」網店，把媽媽的三明治推廣出去。他非常認真地做了這計畫。

看了這些孩子，我非常羨慕，孩子的未來，並不會在十六、七歲時後

就決定了一切，但我們做大人、家長的可以為孩子增加了一些的「可能性」，這個「可能性」是非常重要的。

就我個人的例子來說，在我上大學以前，我非常討厭兩件事，一個是做數學題，邏輯對我而言是很難理解的；一個是商業，做生意，因為我總覺得生意人都是奸商。從前家裡窮，看見有錢人會有敵意，後來我才發覺這是我生長的環境所致。令我意想不到的是，我考大學時，竟是考上東吳大學的商用數學系，這與我討厭數學、商業卻是衝突的。我總以為我的數學、邏輯不好，又討厭商業，但是現在我講課，學生們都認為我的邏輯推理很好，因為在大學時期學的數學，即使不喜歡，但仍然對自己是有幫助的，過去我討厭商業，現在卻是從商，而且上課內容大都以商業理財等為主要課程。記得我也在十歲時候，曾經在家門前做過生意，就是去批那種可以用號碼來抽獎的戳戳樂盒子，就是所謂「抽抽樂」，「依據你抽到的號碼來看你是得到什麼小零食、玩具……」，讓大家來玩。所以，我十歲就懂得如何擺攤、做生意了。既然我在十歲時，就會擺攤做生意，表示我有被啟發，如果後來有了環境的滋養，說不定我很有可能比現在在商業上更有成就，只是當時是我自己斬斷這個可能性。

我們很榮幸能夠創辦這「YDBS菁創學院」來幫助十至十八歲的孩子做到幾件事：

1.獨立、自主、負責

現在有很多華人的孩子，不獨立、不自主，出了事情不用負責任。不自主，就是不用自己做決定，上補習班都是由媽媽決定。大陸孩子最不感興趣的就是興趣班，那些音樂、藝術……什麼的，都是爸媽挑選的興趣，並不是自己選擇的。而且不夠獨立，不敢讓孩子自己出門、自己搭公車，無法自主、負責任。

2.面對挑戰，有勇氣

　　大人有時候對孩子的稱讚，像是你好棒、你好漂亮……等等，這些都不是事實，大人們並沒有讓孩子知道真實的狀況，像是家裡明明已經沒有錢了，做父母的還是會想辦法讓孩子覺得沒有問題，沒有讓孩子從小就承擔家裡的一切相對責任；還有「挑戰」，不敢讓孩子面對嘗試、承擔責任。大陸一胎化的結果，造成父母不敢讓孩子面對問題，孩子什麼都不敢做、不能做，像是在溫室裡長大的花朵，怎會茁壯？再者，「有勇氣」，遇到問題就是一哭、二鬧，爺爺奶奶養大的小孩，都因為太寵愛，因而養成孩子一有事情就以哭、鬧來面對，遇到問題，更沒有勇氣去面對和處理。

3.學習如何學習

　　很多家長心裡的痛是，孩子的學習是填鴨式的，死記硬背的教育，在台灣學生這種情形還好一些，在中國就嚴重多了。台灣學生一畢業，就把帽子往操場拋去，大陸學生一畢業，高考一結束，立刻把書本燒毀、撕掉，認為這些書都沒有用了，不再死背這些書，代表學習這些書本都是無效的。所以，應該給孩子們一套有效學習的教育方法。

4.創新思維

　　孩子可能在十八歲時，就要創業了，因此，在十八歲之前，就要先把創新能力提升起來，畢竟一個國家的國力決定在年輕人創意的未來上。

5.領導力

　　其實「領導力」是有誤區的，以前，我們認為有領導力的人，就是大家都聽從你的話，而現在講的「領導力」是你願意傾聽大家的聲音、想法，假如國家領導者，只是打敗所有的王者，那與獅子就沒什麼兩樣，只是叢林法則罷了，可是現在的國家領導者，是不同以前的，他可以幫助別

人追求成功，所以我們是從這兩個角度來培訓孩子。

有很多孩子總認為自己可以為所欲為，大家都必須聽我的，在家裡，家人會聽你的，但是出了家門面對同儕，就不是這樣了。所以，我們希望孩子們能夠在這方面有所提升，在這六個精神：夢想、熱血、創造、實踐、拚搏以及青春，也同樣有所成長，讓每一個人在他孩童時代的夢想都能實現。如同我一樣，在我小時候，家裡環境比較辛苦，所以我為自己設定了兩個目標，一個目標是等我妹妹出嫁後，我才考慮自己的婚姻大事，才要結婚；另一個目標是等我長大後，要讓其他像我一樣家庭背景的小孩，都能有很好的成就，前者是家庭義務，後者是一種社會責任，那年我六歲，就已經懂得「家庭」、「幫助別人」的想法。現在我有一基金會，透過這個基金會能夠持續的去幫助更多的孩子。所以，我相信孩子的某種力量的存在，我們不用期待或是在意孩子此刻能夠得到什麼，但是你有必要提供一個良好的學習環境，一步步地讓他們成為我們所期待的人。我們的「YDBS菁創學院」，也是繼續這樣的堅持，持續幫助更多的孩子，當然我們鼓勵孩子先上「青少年Money & You」開始，然後到「YDBS菁創學院」來，當他再更成熟的時候（十八歲），就可以來上「BSE」，一步步的學習，為未來的接班做準備，這是我們為孩子們所提供的一系列教育藍圖。

提升創業力，踏實走遠路

～精進創業技能，打造競爭優勢

 27 # 分享、分配、分擔

　　創業者要有這樣的思維準備：「智慧要分享、利益要分配、責任要分擔。」

　　在一般的傳統行業裡，有三件事情做得不好，師徒制管理的公司，師父帶徒弟的公司，「智慧不會分享」。師父不會把所有的技術傳授給徒弟，師父永遠保留一手，深怕徒弟超越你；事實上，也許這種技術早已在外流通很久，是公開的秘密，不要以為保留技術就可以控制住徒弟。

　　師徒制的公司，「利益不會分配」。公司賺錢時，師父獲得的利潤比徒弟多得多，剩餘的部分，才分配給徒弟。在這公開的社會裡，報價是非常透明、公開，也因為這樣，徒弟不會永遠幫師父扛責任。

　　再來是責任要分擔，以前，一旦出問題時，通常會由大弟子、二弟子來扛責任，師父不會分擔責任的，這是師門必備的事情，事實上這是錯的，這是利用師父盲目的權威來要求弟子做無謂的配合；真正的現代化社會裡，是智慧要分享、利益要分配、責任要分擔，才能永續經營，向前走。

智慧要分享

　　在創業過程中，創業者要主動學習新的東西，要不斷超越過去，才能因應市場的變化和競爭。彼得・聖吉在《第五項修練》書中主要在探討一個問題：企業和其他組織，要如何發展適應環境的能力？他指出，在現今越來越複雜、多變的世界裡，一家公司或組織不能再靠單一領導者來運籌

帷幄、指揮全局，而必須要讓各階層人員全心投入、不斷學習，才可以不斷地創新和進步。因此他強調，企業要成為一個「學習型組織」，方能發揮其潛能。

彼得‧聖吉的「學習型組織」，在台灣也有人推動，這樣的組織會讓很多人願意與你一起努力。有很多年輕人都想要來我這裡打工，主動提出要幫我拎背包，不支薪，只希望我能讓他跟在我身邊學習就可以了。他不是真的想要來賺錢的，而是想在我身邊跟著我學習，而且還能遇到他自己不可能遇到的人，可以看到以前不曾看過的東西，可以去到以前不曾去過的地方。中國有位企業家曾對我說，他願意提供三百萬讓他的兒子跟在我身邊學習替我拎包，機票、餐費等等開銷，願意自費。我沒有助理、秘書來幫我處理拎包這種小事，一切都是我自己來，當我走在路上，也不希望有隨從、跟班似的幫我拎包，好像低我一等似的，我認為每個人都是一致的、平等的，沒有你比我大或是我比你大的觀念。

事實上，智慧可以分享，但是需要有智慧的保存，智慧經驗的整理，做智慧經驗的累積，你要創造一個機會，不僅僅只有你的東西讓別人可學，而是彼此的東西讓彼此都能有東西可學習，讓這些知識、經驗成為公司、機構偉大的智慧資產，這是最寶貴的。

在這個知識經濟時代，知識是我們獲得最大財富的根本條件，是現代人致富不可或缺的主體。不但每個人都要不斷增加自己的知識儲備，擴大自己的知識資源，對任何一家公司和組織來說，都要意識到這是「管理的關鍵」。有效的知識管理可以幫助我們把過去的經驗和過去的學習，都變成有效的、有序的經營方向。

談到「知識管理」，我認為有四個重要的部分：一是「影像化」，二是「圖像化」，三是「音像化」，四是「文字化」。舉例來說，我們都知

道行銷人員的流動性相對來說是比較高的，許多公司常見的情況是，經常因為一些表現非常好的行銷人員的離職，而讓公司的經驗斷層，讓公司的智慧難以保存下來。但是，如果在優秀的人才在職時，我們能有意識地採取知識管理措施，就可以避免這種情況的發生。例如一個很簡單、但很有效的方法，就是用攝影機錄下來他對成功經驗的分享，以及他所做過的案例分析，作為資料保存下來，成為以後行銷人員作為學習和借鑒的資源，這就是「影像化」的記錄。

我的建議是：公司裡針對銷售人員與行政人員，可以在每個星期評選出表現最好的員工，無論是業績最高的人，還是績效處理得最好的人，當我們在下個星期一早會的時候，就請他們上台來分享，也就是請做得最好的人上台和大家分享他在上個星期是怎麼做的？而他在分享的過程當中，我們就使用錄影機將他這個分享會錄影起來，這就是「影像化」。

接著，將他與顧客往來的信件、相關的見證推薦信函、他所使用的DM、透過拍攝或掃描，或者現在可以透過手機的截圖，將他和各種顧客營銷的資訊做出「微信版」、「FB版」、「微博版」等等來進行快速分享，將這些資料與圖片保存下來，這就是「圖像化」。或者是，這一個優秀員工可能和大家分享了一個小時，他在分享的過程當中，我們可以將這名優秀員工的分享錄音下來，這就是「音像化」。如果有新來的員工或者是原來的員工沒有聽清楚、聽不太懂的，可能需要再學習一次的，我們也可以透過文字將內容整理出來，那麼，他的這個實際有效的經驗，以後每一個人都可以參考到、學習到，這就是「文字化」，這些就是公司最寶貴的資產。

凡做錯就必須重來一次，一個人的智慧經驗，可以讓別人不會重蹈覆轍，不會掉入錯誤的循環裡，因有別人的良好經驗作為借鏡，因此，智慧

要分享。

有一句話：「如果你有一顆蘋果，我和你交換，我們兩個人只是各有一顆蘋果。但是，如果你有一個思想，我有一個思想，我們彼此交換，我們兩個人就擁有能創造更大格局的思想」。

簡單來說，你有二十個顧客，我有二十個顧客，我們彼此交換、整合，我們就共有了四十個顧客。所以價值到最後不僅僅是你要幫別人創造，你還要願意分享，因為當你分享得越多，結果就會越好！

當然，如果你太過自私，結果就無法與別人分享。所以我們才說有些人是匱乏的、自私的，請記住，當你不斷地只向他人索取的時候，你就不可能進步。

我們「實踐家集團」最重視教育，我們會安排自己的員工到別人的機構去接受不同的教育；每年，我們實踐家都會舉辦星球會議，所有海內外的員工聚在一起，一起上課、學習，我們可以對我們所投資的企業協助辦理DMBA課程，我們除了投資別的企業，還協助他們的員工上課，讓他們可以有不斷學習的機會，自我提升，所以我們對自己員工重視教育、提升，同時也對我們所投資的企業，也會重視教育、提升他們的員工，因為我們重視智慧的分享，共同的成長。在DMBA課程時，安排在所投資企業的所在地旁邊的飯店裡上課，這樣的用意，可以安排學員參觀，看看一樣被投資的企業，有什麼是可以給自己參考的。我們前陣子在北京「進巍美甲」（kingway）演講，「進巍美甲」店在大陸有一千多家連鎖店，全部的人都到那裡，早上參加「進巍美甲」的早餐會議，瞭解他們是如何做服務，並安排學員喬裝成顧客去體驗服務，隔天再開師董會，以「進巍美甲」案例做個案討論，來幫助學員做得更好，所以我們非常重視智慧要分享。

 利益要分配

在個人創業的初始階段，就要考慮好利益的分配原則，無論你是家族創業還是與朋友合夥創業，一定要先確定合作者之間的關係，確定好投資份額以及利益分配的份額與方式，做到清晰且無爭議的利益分配。

有錢可以分，是很好的一件事。分錢是一種藝術，有句話說：財聚人聚，財散人去。我認為，有錢人是擁有財富重新分配的權利，為什麼我要捐錢給基金會，做很多的社會公益？因為錢是我賺到的，我可以決定要如何分配使用這些錢，從小到大，我一直知道一件事：當你擁有多一點的時候，可以分一些給別人，自己會得到更多，當你分給自己比較多的時候，得到就會越來越少。當你關注的焦點在社會的利他時，表示你是無私的人，所以你做事時就更能揮灑得開。當你做事只考慮到自己時，你是利己的人，你的思維、氣度、格局就顯得窄小，眼睛只看到自己，沒有看到別人，所以就不會看到更大價值、更大利益的機會，當你願意分配，屬於你的機會就會出現。

例如，在上海，一般的坐月子中心，要價八萬人民幣起跳，而我們的坐月子中心，只需要五萬九千八、七萬九千八不等，開幕時，只收二萬五千八，收費相當的低，因為我們認為要先回饋給顧客，如果我只考慮到公司要賺錢，就可能收費較貴，但如果我考量的是給顧客多一點利益，只要顧客進來這裡，並得到很好的照護，感受到這裡的服務很棒，有物超所值的感覺，即使再貴都願意來，而且還會介紹他的朋友來捧場。將少賺到的利益先投入到顧客身上，而成為很好的口碑，主動地給予，給的越多，所獲得的回饋就越多。此外，還要提醒一件事，千萬不要為了有回報，才願意給。有目的性的作為，還是會限縮結果，你越是無私地提供、付出，就

會得到越寬廣的結果。我曾經幫忙證嚴法師做了很多公益活動，像是預約人間淨土、大陸震災等等的規劃案。你所付出去的錢，是明著出去，它還是會在某一轉彎處再回來，你越強求，就越繞道；你不強求，越能自然發生。

　　經營企業時，利益要懂得分配。我們實踐家所投資的企業，他們大多都有做IPO股票上市，把經營所得透過IPO方式，讓員工原始股東可以有錢賺，獲得利益、價值，實踐家的獨資企業的部分，以前都是用我自己的錢投資的，現在慢慢開放給員工投資，我們一起來創業，像坐月子中心就是我們員工投入創業的企業，自己的團隊的股權約占30～40%。

　　我們做留學諮詢顧問公司，我們的員工曾經在別家的留學機構工作，後來進到我們的公司工作，由於他的努力，最近取得五張的證照許可，我們拿到其中一張牌照，具有真正資格可以從事留學諮詢顧問的事業，這個員工是股東也是法人，是技師也是法人，除了給員工的股權獎勵、獎金之外，還讓員工當老闆，一個事業體就逐漸出現，所以我非常非常重視員工創業，只要願意，就能一起來創業，與其員工自己創業，不如我們也投入，可以一起共同參與創業。

　　大陸有位很有名的相聲演員，他曾經與媒體關係搞僵了，被媒體封殺後，演出機會就變少了，他的大徒弟也離開他，原本應該是師父有難，弟子理應出來捍衛師父，但是大徒弟卻離開他了，為什麼會這樣呢？因為師父的每一場相聲演出都與徒弟一起搭配演出，一場演出的收費是五萬、十萬的，可是師父只給徒兒二百塊，這就是利益不願意分配、分享。當你有影響力時，也許可以少分享，一旦你的影響力不在時，沒有人願意幫你，最後只好分開，各自獨立。所以利益要分配。

責任要分擔

舉個不大好的比喻：我們經常在香港電影裡看到黑道小弟犯錯被抓，黑道大哥拿著槍對著小弟說：「你犯錯，我承擔」。這就是有情有義的承擔。黑道講情義，但商道、白道是不講情義的。我認為責任應該大家一起分擔，一起扛起責任，這才是有情有義。我們有個情義平台，強調我們是一家人，而決定這個團隊成員能否成為一家人的關鍵在於「有情有義」，大家有情有義，才能一起往前跑，企業的未來才能有所發展。

責任要分擔，必須是老闆願意扛起責任，員工才有可能幫老闆扛。在1998年，我剛創業時，有個比我年紀大的員工，他曾經任職過總經理的職務，我問他為何要到我們公司上班呢？他說：「因為我去算過命」，我說：「因為你算過命適合做教育產業，所以一定可以賺到錢？」他回答：「不是，我是拿你的生日去算的，結果是你這個老闆很會幫員工賺錢，所以我願意來這裡為你工作。」我有很多公司，不可能全部是由我親自管理，因此，我授權各個公司的領導人、總經理做決定，若是出了問題，我還是會扛起責任。坦白說，全部授權的做法，有好有壞，若是任用的主管是有責任感的人，你就能夠放心、沒有煩惱，但是一旦你遇到的是不願意負責任的主管，你就會死得很慘，總之，我還是會去承擔一切。

不過，老闆一定要有心理準備，你幫犯錯的人承擔時，如果他是有良心的人，還會心存感激，記取教訓，不再犯錯。萬一他是個不負任的人，出了問題，你幫他扛責任，他不會心存感謝，因為他不認為自己有錯，這是一個大問題，不過，即便是這樣，我仍然沒有改變想法。

從前我在金車教育基金會工作時，李添財先生是董事長，執行長是孫慶國先生，這兩位讓我深深感恩在心，他們全權授權讓我負責事情，只要

我提報的任何計畫，他們都會同意，並願意幫我背書，全力支持企畫所需要資金、資源，他們的信任、授權，讓我成長許多，而我是一個值得信賴的員工，所以我們基金會成長得很快，從一開始的一百萬基金，在六年半裡，成長到三億七千五百萬，法人基金可以成長這麼多，代表公司賺了很多錢，老闆也就能夠捐更多錢，公司因為法人基金是老闆捐出所得而成。

我在大陸有個員工，他是軍校實習生，當年海峽兩岸發生危機的時候，有天學校徵召他回校，他向我敬禮說：「希望我們不要在戰場見，即使在戰場見，我會先向你敬禮後再對你射擊。」當然，我們不可能在戰場上相遇，至少聽到他這句話，我心裡感到無比的欣慰。我要強調的是，只要我們願意去做、去承擔，自然會有所回饋的。一般人不理解我為何投資這麼多企業，卻從來不看報表，因為我覺得既然是自己的學生，就值得信任，我自己教的學生，他們都是老闆，如果我教的學生騙了我、害了我，反而是我要自己承擔，是我這個老師沒做好，我是這樣來自我檢討，漸漸地我能感受到自己越能放開，願意信任，後來就會越沒有問題。人心是肉做的，除非你遇到千古壞人，即使如此，只要你一口氣還在，這也是你人生的一個歷練。

如何避免窩裡反

員工品性不佳、合起來窩裡反，紛紛出走，這是許多創業者免不了都會遇到的難題，僅僅因為一個人品差的員工的背叛就危及公司運作，就能讓創業的辛苦付諸東流。以下與大家分享的是《美國OCU商學院》條列出會破壞企業發展的員工十大惡行，在經營企業時，創業者要注意團隊裡的成員，是否有這些問題、現象，避免公司表面一切狀況很好，卻在一夕之間崩盤、倒塌，而措手不及。

1.盡做表面文章感謝老闆，背地裡傳播謠言，天天搞破壞

這種人總是愛做表面文章，表面上感謝老闆、稱讚老闆，背地裡卻四處傳播謠言、傳播負面訊息，假傳聖旨，天天搞破壞。當你發現員工有這樣的問題時，為了避免別人說這是個人恩怨，你可以多找幾個員工詢問，從多面角度去了解情況，這樣一來，可以了解事情的真、假，然後再做隔離，甚至開除的處理。過去，我曾經因為不懂這個，而受到不小的傷害。

2.拿著雞毛當令箭，謊稱老闆指令，刻意製造公司與員工的對立

這種拿著雞毛當令箭的人，會為了自己的私心，謊稱老闆指令，刻意製造公司與員工對立，每次說出去的話，都說「這是大老闆說的」，但其實他是負責事情的人，卻說這是投資者、大老闆說的，但事實上大老闆並沒有說過這樣的話，員工也不知道原來老闆沒有說過這樣的話、沒下這樣的指令。如果老闆又是對每個部門充分授權，沒有在第一時間對這樣的情況做出任何反制、批評，結果就會造成底下的員工被嚴重誤導，這個也要小心。所以要授權，必定要在某種範圍內，要做考核，從授權內容與實際績效是否符合，授權要授與「德」，授權給有「德性」的人才有用，如果授權給沒有德性的人，反而讓他大權在握，他會把一切都搞砸了，所以要小心。

3.做賊喊抓賊，不斷欺壓傷害不從己意者，還天天佯裝自己被打壓

第三種人，是做賊喊抓賊的人。不斷欺壓、傷害，那些不順從己意的人，還天天喬裝自己是被打壓的那個人。有些員工天天說別的部門欺負他，每天都說是別的關係企業欺負他，事實上，從頭到尾，問題都是來自於他自己，自己不願意與別人合作，只想控制自己底下的團隊，想表現自己是唯一的領導、唯一權威，如果你不願意開放，最後一定完蛋；只要別人做的東西比自己好，就以攻擊為方向，說他們一定有問題、靠關係，一

定是有不公平的地方，掠奪我們的資源，結果整個團隊就被帶往一個不好的、自私自利的方向發展。

4.利用公款做對內公關，拉攏不明事理的員工，利誘團隊為己所用

　　這種人喜歡利用公款對內做公關。拉攏有勢力的員工，利誘團隊，為己所用，真有這樣壞的人。我對我公司的財務、支票是不批閱的，都是充分授權給單位自己做。曾經有位主管不斷地教育他底下的員工：「誰才是老闆，當然是發錢給你的人才是你的老闆。」藉由這樣的職權方便性，拉攏部屬。我深深感覺，像這樣的人，真是可憐的人，他只有在擁有權力的時候，可以得到別人對他的認同，手上握有錢，大家才會聽從他，跟著他的意思走，一旦不在這個位置上了，等於什麼都沒有。表面上他是握有控制權，事實上，他是什麼都沒有控制到。

　　做為一個有影響力、負責任的領導人，不是因為你在位子上所以別人才怕你、才幫你，喜歡你，而是即使你不是在位子上的人，還能獲得別人尊敬你、幫你、喜歡你，這才是真正永遠的價值。

5.利用職權假公濟私，把屬於公司的形象利益、人脈網絡都納入自己的手中

　　第五種人，假公濟私，利用職權，對外作公關。他們是利用公司領導人、總經理、主管的職位關係，利用職務，做自己的公關，外人會因為你的職務關係，相信你說的話，信任你，最後他把公司資源，形象，把公司利益、人脈網絡等，都盤整起來，納入自己的資源，為己所用，為自己下一次創業儲備資源，不但沒有完成公司交付的任務，最後拍拍屁股離開，真的有這樣的人。

6.掏空公司，長期擅用職權盜取資金、資訊、資源，為自己謀私利

　　第六種人，掏空公司，擅自利用職權，盜取資金、資訊、資源、資

料，強勢主導公司發展方向，導引成為自己的勢力謀發展。在公司工作，隨時盜取公司多年累積下來的各種資料，顧客資料、會議資料等等。這種人屬於低劣的人格，以別人的成就作為自己的成績，把別人努力的成果，當做自己應得的開始，當你遇到這樣的人，可能是自己識人不明，過度信任，也算是慘痛的經驗，所以提醒大家要小心。所謂「競業條款」，也是一種反制機制，在一開始把遊戲規則定好，才是重要的。

7.結黨營私、排除異己

第七種人喜歡結黨營私，卻總是喜歡和自己相近的人結成小圈子，拉幫結派，一起排斥異己者，培植自己的勢力。處心積慮打壓並趕走忠實且有能力的員工，把公司團隊變成權錢交易的密室利益組織。

8.什麼權利都要，什麼責任都不負；永遠是別人的錯，自己從來不檢討

第八種人，什麼權利都要，卻不願意負責任的人。永遠是別人錯，從不自己檢討自己，誤導團隊，帶著小團隊和大團隊搞對抗、拉仇恨。常常犯錯，卻一點責任都不負，公司考核，寫報告，從不曾檢討、承認自己有責任，全部都是別人的錯，為了掩飾自己錯誤的正當性，還找一群人來幫他背書，這群人礙於職權關係，聽命做事，最後把團隊搞得分裂。

9.得了便宜還賣乖，好處要遍、壞話說盡；罔顧公司利益，算計的全是團夥及個人的利益

這種人得了便宜還賣乖，壞話說盡，枉顧公司利益，算盡自己利益，該拿的不會少拿，可是該給的不肯給，該要的不會少要，該分享的更是從不分享，做任何事，著是打著公司名號，謀求自己的利益。

10.表面上和大家稱兄道弟，行俠仗義，實際上無德無能，搞砸一

切，一走了之！

第十種人，表面上和你稱兄道弟，行俠仗義，實際上是個無德無能的人，不能帶給團隊任何實質的幫助與能力的提昇！把一切事情搞砸之後，一走了之，這是團隊裡最糟糕的人。表面挺你、幫你爭取，實質是什麼都不是，因為這種人根本沒有能力，表面上看起來有錢可分享，事實上那是因為職務上的原因你掌控了公司的錢，這種人一旦離開工作崗位，所有身邊的人，都恍然大悟，沒有獲得任何報酬、一片空白。在企業發展過程中，要特別注意這樣的人。

以上這些人，以歷史長河來看，用時間軸來看人的一生，我相信出來混的人，總是要償還的，今天你用不當的方式取得一塊錢，將來至少要還十塊半，以前人說：「不是不報，是時機未到。」錯了，現在是現世報，你會馬上承擔你沒有好好做事的結果。

28 態度做人，系統做事，模式打造平台

　　態度做人，系統做事，模式打造平台──讓你既能做好人，又能做對事情。經營企業，態度是很重要的，光有態度是不夠的，還要有速度、深度。態度要好，速度要快，深度要夠，寬度要廣，而這一切都來自於態度要好。有句話說：「如果每人每天進度0.01，持續一段時間，就會進步幾十倍了，如果每天退步0.01……。」良好的態度，需要有良好的東西不斷地轉化，時間的累積，就變成比原來大很多，不好的東西，經過速度改變，就比原來的東西要差很多，所以天天進步一點點，與天天退步一點點，其結果是不一樣的。

　　首先，態度要好，老闆願意與員工一起學習成長，才能讓你的員工相信你，強調學習是真的，因為老闆自己也在學習，所以創業者的態度是重要的關鍵。有錢人最昂貴的成本是時間，最便宜的投資是學習，只要你願意學習，必定有所收穫。那麼，是不是每件事情都要快才是好的？並不一定。

　　速度要與企業價值一起考量，對公司而言，越快越是對企業家有幫助的，對企業家沒有幫助的事情，越慢越好，甚至絕對不要做。大價值，快速做，小價值，慢慢做，沒價值，絕對不要做。而政府重視的政策就是有價值的事，態度上要做有價值的事。速度快或者慢，要看怎樣的政策而定、看企業價值而認定。

　　在台灣，當你知道明天北京有個加盟展，而加盟展對你的企業是有幫

助的，可以讓全中國大陸企業對你的加盟事業認識最快的媒介，即使你明天有個重要會議要出席，你也應該立刻買機票，飛到北京的加盟展，因為那個展可能讓你的企業未來有更大規模的發展，這件事比你開會、解決當地問題還要來的有價值多。所以，要以企業價值來衡量速度的快或者慢。

再來要談的是「深度」。同一件事，要比別人多一點深度的投入研究，才有機會把事情做的更完善、完整，只有第一才是唯一，或是你是唯一，就能成為第一。

所謂「寬度要廣」，也就是說，影響的範圍要比別人更廣。而「深度要夠」，以事業發展的角度來看，如果你從事的工作單一、單純，那麼你必須要做到更專精，差異化要比別人大。2009年大陸有個太陽能產業非常大，他自己開車來到這裡參訪，幾個月之後，又有太陽能企業展，那又再度來參訪，他為了能夠更瞭解這個產業，他請皇明太陽能集團到馬來西亞去，對一件事情，要一而再，再而三，不斷地深入了解，據我對他的瞭解，只要你跟他在一起時，他一定會提到有關太陽能的問題，之所以這樣的持續研究，並不因為他的年紀老，記憶力不佳才會一問再問？有些有錢人，懂的事也要裝不懂，不斷地提問問題，這樣才有機會得到更多的答案。可是有些沒錢的人，不懂的事會裝懂，話說一半，話聽了一半，就以為自己什麼都知道了，其實往往只看到事情的片段而已，並沒有看到全貌，因此無法全面了解。所以要深度去了解，才會有機會。

人脈的寬度要廣，這是決定事業廣度的關鍵。有次我到印尼一位朋友家吃喜酒，他家非常富有，沒想到遇到馬來西亞的朋友張曉卿先生也在宴席上，我要說的是，有錢人家辦喜宴，是不是會把周邊國家的有錢人邀請來？當然會，因為這是人脈的聚集，有時候，你嫁女兒時，就做成了多筆交易了，當一群老闆坐在一起時，絕大多數的時間不是在吃東西、喝酒，

而是在聊天，在這樣的聊天過程裡，很可能就聽到很多訊息，甚至做成了很多的生意。

這就是態度要好，延伸到寬度要廣。

打造系統

做事要有完善的系統，如果一個老闆天天需要在辦公室坐陣，那麼代表這個老闆是無能的，因為只要他不在辦公室，公司就會出狀況。但若老闆不在公司，公司還能繼續運作，這就稱為「系統」。有句話說：「百分之九十四的事情決定在系統，只有百分之六決定在人」，可見系統非常重要。

要有一個完善的系統，才能去做更大價值的開發。例如，你很會做菜，那麼你只能開一家餐廳，因為你是廚師。但是如果你會教別人做菜，你就能開五十家，因為你可以開廚師學院。但是如果你不會做菜，你懂得建置出整個系統，那麼你就可以開三萬七千家的店面，那就是「麥當勞」。所以我常講，如果你是廚師，專長做菜，那就只能永遠待在廚房裡，你不懂做飯，但懂得用系統做事，就可以開設很多家的麥當勞，所以，系統才是成就大事情的關鍵。

而系統要做到以下以件事情：標準化、科技化，以及人性化。

所謂「標準化」有些東西要有明確的標準。

第二是科技化，現在有很多東西需要科技來輔助，以前做客戶服務，要依賴老闆的一本密密麻麻的帳簿，這本帳可能是人情世故的帳，可能是資金借貸的帳，也可能是哪位顧客欠款的記錄。所謂人情世故，例如盤點庫存時，發現少了三支棒棒糖，原來是送給一窮人家小孩，因為他功課很好，為了鼓勵他而送出去的公關帳，所以說，雜貨鋪的老闆，總是有一本

本的帳簿記錄。現在不需要這樣記帳了，透過手機、筆記型電腦等科技用品，都可以隨時記錄下來。

第三，人性化。今天你到餐廳吃飯，工作人員穿著旗袍，身上披掛彩帶，上面寫著「歡迎光臨」，這些都是標準化，耳朵掛著對講機，這是科技化，而工作人員如果心情好，就會說樓上有位子，心情不好就說樓上沒位子，這就是人性化。所以，對於整個系統而言，標準化、科技化很重要，但是人性化更是重要。台灣之所以能夠在系統化方面受到肯定，是因為我們不僅僅只有標準化、科技化，我們更具有人性化的特質。台灣最美好的部分就是人性，最美的風景就是人性化，所以這就是我們的專長，更應該在這方面做更大的發揮。

為什麼要有系統？是為了要達到可預期的結果，系統是為了要讓顧客安心，讓老闆心安。例如，發生禽流感的時候，很多人不敢吃雞肉，但是還是有很多人吃肯德基的雞腿堡，因為你對他們的產品比較安心，因為他們有一套嚴格的採購系統，老闆也可以很閒，不用天天坐在店舖裡看場，因為有系統在運作。

模式打造平台

模式是打造平台，打造平台的人，一定會賺錢，而站在台上的人，只能幫別人賺錢。因為「打造平台，可以決定遊戲規則，而決定遊戲規則的人，一定賺錢，玩遊戲的人，就只能給錢。」所以創業要努力認真地成為打造平台的人。

例如，因為這個平台是我打造的，那當然規則就是我決定的，所以連鎖加盟總部是我建立的，任何人想要加盟，都得要按照我的方式，照我的規矩來。所以我只要花一些力氣把一個系統做好，我不用自己去執行，都

可以獲得很大的回報，這是蠻有意思的一件事。因此，你一定要去打造一個自己的平台。

假設，有一個遊樂園是我開的，門票要收多少錢是我決定的，所以你要建立系統，因為系統是最便宜的，是你可以花最少時間，卻能創造最大的價值回報。

所以說：「得標準者，得天下。」以前我們使用各種電器用品，美國有美規、亞洲有日規，歐洲汽車有德規等等，可見，打造平台者，就是製定規則的人。

例如，「一帶一路、互聯互通」，若能打造起來，高鐵要如何做，螺絲釘如何裝，整個高鐵的速度由你決定，所以打造平台者，也是制定規則、掌控標準的人，而賣標準的人，是最貴的。

在台灣的麥當勞，有三百五十家店，美國總部要撤出台灣麥當勞，經營權要賣出去，之前統一集團和全聯集團有考慮承接，但最後是由新加坡豐樹集團買下經營權。豐樹集團的主要業務其實是地產投資，在日韓香港大陸等亞洲七個國家都有大型購物中心，管理資產規模高達新台幣6600億元。為什麼從發佈要撤資時，花了一段很長的時間，才決定由新加坡的集團得標，因為只有他們能夠依照原製定的標準規定來執行，因為麥當勞最值得他們驕傲的地方就是這份標準規範。不管是台灣或是大陸，常常有一問題出現，有些商家在遵守原定的標準規範一段時間後，就覺得自己可以修正這些規範，反而做不出原來的樣貌。

要努力讓要成為制定遊戲規則的人，成為提供遊戲給別人玩的平台創立人，台灣應該盡快加入這一波，因為大陸所生產的產品品質越來越好，生產的數量也越來越大。全世界人口最多的國家是中國，第二名是印度，第三名是誰？有很多人會說是美國，但我要說：錯了，第三名是

Facebook，第四名可能是微信。使用人口越多，表示它已成為一國度，而Facebook、微信就是自己一個王朝，他們的人口積極度可能還比一個國家要來的大很多。所以，當你是製造生產的大國時，未來可能很多的規定、規範會由你來決定，當台灣可以加入大陸這個市場時，就有機會共同來製定產品標準規範，況且，台灣之前也曾經做過這些標準，大陸也可藉由台灣的經驗，一起制定，很快就能拉上去，對大陸來說也是好事，所以我們也可以參與共同制定標準的機會。

29 打造你的爆款商品！

什麼是「爆款」？「爆款」，爆炸性的產品就叫做「爆款」，臺灣的說法是「神器」，例如：自拍神器。而我個人對「爆款」的定義是，當這個產品做出來時，別人願意主動購買，買完之後還願意主動幫你賣，賣的時候不拿你的錢，還到處說你好話，推薦大家都來買，如果有別人批評你，他還會主動跳出來幫你打架，捍衛你的產品，這就是「爆款」。

在互聯網時代，一個好的爆款不僅可以短期聚集大量人氣、帶動整個店鋪的銷量，對於持續引入流量也有不可取代的作用。「爆款」可以讓你一夜之間天下皆知。例如，在中國大陸有一「爆款」，由洛可可公司自行研發、設計、生產的「快速變溫水杯」產品——「55度杯」非常熱銷，只要把100度滾沸的熱水倒入杯子，然後搖一搖，約一分鐘後，杯內的熱

55度杯

水馬上降溫到55度。「55度杯」一上市在微信（WeChat）發表61天，沒有透過任何的經銷商、代理商，只是一般消費者主動購買杯子，就一共賣出了一百萬個，一個售價是人民幣298元，在短短的61天，共營收了2億980萬人民幣，而盜版的杯子賣了50億人民幣。這杯子成了神器，讓消費者主動追著你買。所以，不是便宜的就是爆款，爆款應該具有巧創新、巧設計的內涵，「爆款」一定有爆點。

再舉例，2014年4月1日愚人節，一段影片在網路上走紅，影片裡說百度公司研發的智慧型筷子，可直接用於檢測食物的成分、產地資訊，還能檢測地溝油，因為當時地溝油問題嚴重，於是引起非常高的詢問度，後來第二天百度說這段影片只是愚人節的玩笑。結果，大眾不原諒百度，認為百度怎可以欺騙大眾……，引起眾怒。後來百度找到洛可可公司研發、生產這款智慧型筷子，果真，讓洛可可公司做出來了，同年9月3日，百度執行長李彥宏在百度世界大會上表示，百度筷搜智慧型筷子已經量產。這就是「百度筷搜」，只要你下載「筷搜App」到你手機，就能立即測試是否是地溝油、及飲用水品質，當筷子碰到菜、油，檢測數據會立刻透過

筷搜

手機傳輸檢測出數據來，你馬上就能知道你所吃的食物如何。是不是很神奇、很實用，自然就會廣為推薦、分享，這就是爆點、「爆款」。

北京故宮的遊客比台灣故宮的遊客要多了很多，北京故宮的門票也比台灣故宮門票貴，但是，在以前，北京故宮賣出的紀念品卻和台灣故宮賣出的紀念品差不多，他們的遊客比我們多很多，但是總營收卻不如我們故宮，這就表示我們的產品做得比較好。後來，北京故宮找了洛可可公司幫忙設計產品，洛可可公司找了三百個設計師為北京故宮做了八百項產品，這八百項產品成了北京故宮「爆款」，都是一些傳統紀念品，「奉旨旅行」行李牌、車載八旗娃娃、朝珠耳機筷子、鏡子……等等造成民眾搶購熱潮，把清朝歷代皇帝做成旅行箱、背包、抱枕，大家進了故宮就更有心情，更願意掏錢買紀念品，所以爆款的時代確實已經來了。像是自拍神器，曾經熱賣到幾乎人手一個，導致現在很多地方還限制使用，如國外博物館、美術館、迪士尼遊樂園。

現在我們回想一下台灣早年曾經有個大同寶寶很火紅，在過去那個年代，大同寶寶就是一個爆款。你為何去買大同電器用品？是為了能拿到一

洛可可的故宮文創商品

個大同寶寶，這是有趣的現象。但是大同公司曾經有三次要打進大陸市場，但都失敗了，為何？因為不懂當地語言，設計品不被當地人所接受。最近大同公司給洛可可公司七百多項的產品設計訂單，近四千萬台幣，洛可可公司準備重新包裝大同公司產品。以前，大同是台灣的爆款，大陸都來模仿、學習，現在竟然是我們要進大陸，需要找他們來服務，甚至要引進他們的「爆款」，產品要能熱銷、長銷，甚至天天暢銷。

最近來自美國的Uber（優步）在台灣還蠻紅的，只要透過手機App叫車，就能以稍高於計程車的價格，享有高檔（甚至雙B等級）黑頭轎車的專屬接送！但其實Uber已經滲透到全世界了，在乘客使用App確認叫車時，Uber就會傳送司機的名字、車號、聯絡方式給乘客。同時，也可以在App上看到該名司機的過往評價，作為參考依據。上車後，Uber 則透過App提供行車路線，iOS 系統用戶則可查看預計抵達時間。每一次的叫車行車紀錄都會被存在系統裡面。另外，Uber 還做了即時的車輛行徑分享功能，乘客在上車之後，就可透過App將自己的即時位置資訊分享到 Facebook 上面，以及分享預計抵達目的地時間功能。如此一來，Facebook 上的每一個朋友都能點進分享網頁，隨時查看該名乘客的即時位置。在台灣因為計程車太多，比較沒有感覺，但在中國大陸，Uber已經超越計程車了，那個App就是一個爆款。

在產品規劃時能夠做到爆款，透過互聯網傳播，你的產品馬上就有成千上萬人知道這訊息了、成了熱銷品。如果你可以做出長銷品，更是不得了。所以，在這創業時代，就是需要一個「爆款」。

30 創新，才能帶來改變！

在中國國務院總理李克強喊出：「大眾創業，萬眾創新」後，中國正處於一個創業創新的時代。政府無不卯足全力打造創新創業的生態環境，希望藉此促成產業創新、創造就業機會，並形成新的產業。為什麼呢？因為他們希望打破山寨的形象。中國有三條街很有名，是觀光客必去的採購景點：上海的襄陽路、北京秀水街、深圳華強北街，這三條街都是賣名牌仿冒品，或者是山寨手機……等之類而聞名的，「仿冒」這個東西會成為中國經濟發展上，最大的阻礙。早期的環境，東西不夠用、價格太高的時候，或許可以這麼做，而如今環境已經不允許了，以前為什麼模仿手機、盜版手機，因為價格太貴了，可是「小米」改變了這個思維，現在你不用在去買看起來像蘋果的山寨手機，因為小米是大公司、大廠牌，因為它去掉所有中間環節的成本，所以能為人們做出實用又便宜的小米手機。

思維的創新

創新，才能帶來改變！但是所有創新的市場是經過幾個不同層級的改變。首先是思維的創新，想法的創新是最重要的，想法的改變，就會帶來模式的改變，模式的改變帶來產品的改變，產品的改變帶來服務的改變。把這四個步驟放在一起，從思維發展到模式，再從模式延展到產品、服務等改變過程。

創新思維的第一個正確步驟是換腦袋，腦袋不換，一切不換，這是很顯而易見的道理，所以每個人都要在思想上做出改變。思考的改變就是知

識財富的來源，富勒博士說過：「人的財富有兩種，一種是實質財富，一種是抽象的財富。」實質的財富就是你看得到的房子、錢財、黃金、珠寶等等，這是實質的財富。而抽象的財富有兩種，一個叫思考力，一個叫創造力。思考力和創造力是「抽象的財富」，其他的都稱為「實質的財富」。思考力和創造力是靠什麼來的？是靠知識培訓，學習而來的，藉由學習去提升、去改變而來的。

既然抽象的財富主要是靠知識教育而來的，而知識會隨著不同的時代的改變，只會累積越來越多，那麼知識只會增加，所以財富就會增加。為什麼？因為人類的思考力、創造力就是知識，知識會增加，財富一定就會增加。

無論是企業也好，個人也罷，他們最強大的能力就是來自於創新，思考力、創造力，就是你的財富！創新，就是要改變各種習慣，而創新的各種方法，像是逆向思考、換位思考、想的要比別人快、掌握時間差，這裡有，那裡沒有等等，這都是你可以運用的。

談到思維上的創新，最大問題是我們只在表面的名稱做改變，事實上腦袋裡的東西卻沒有任何改變，這就很糟糕了，對吧！譬如說，以管理體制來說，目前我們最大的痛苦就是還處在舊有的自我保護時代的思維裡，我們不做、甚至不敢做「第三方支付」，認為那東西是不能做的，限制太多，這是因為腦袋還沒打開，思維沒有改變！我們就這樣白白浪費並錯過了和中國大陸最好的發展時期。早期，我們總認為「漢賊不兩立」，現在的情況是「我怕你吃掉我，所以我就不願意。」。

最近我看到網路流傳這麼一段話：「讓資金流出去，叫做淘空台灣。讓資金流進來，叫做買下台灣。讓人才走出去，叫做人才外流。讓人才走進來，叫做木馬屠城。人家賺你的錢，叫做欺人太甚。人家讓你賺錢，叫

做收買人心。要便宜用電,又不要核四發電。要地區發展,又不要國光石化。反旺中壟斷,又不反年代壟斷。要買得起房,又不要都市更新。要經濟發展,又不要服貿協議。要欺負警察,又要叫警察保護。要司法公正,又拜託法外開恩。要高薪工作,又不要建設工廠。拒絕F1賽車場,F1去了新加坡,月營收30億。拒絕古根漢,古根漢去了西班牙,年營收300億。拒絕迪士尼,迪士尼去了香港,年營收1400億。拒絕拜耳,拜耳去了德州,投資1260億。拒絕杜邦,杜邦去了山東,投資250億。拒絕服貿,韓國要!拒絕龍燈,中國要!台灣經濟垮了,又怪政府無能。企業財團走了,又怪政府22K。寫得真好!值得深思!」這就是思維沒有改變、沒有創新,以致後端的發展就無法跟上。

模式的創新

思維有創新,模式才能創新。什麼是模式呢?有三個模式是很重要,一個叫商業模式,一個叫管理模式,一個叫投融模式。商業模式可以比喻為造船的工作,管理模式是訓練船上的官兵,投資融資模式就是後勤補給的工作。在海上作戰的話,這三個模式是同樣重要的,因為你要有人先造船,造船之後船上會有訓練有素的官兵,出去戰鬥的時候,要有強大的後勤補給,否則戰爭到中途,你就得折返,你不折返,就沒有補給,就得死在海上。若是在空中作戰,飛機不加油,就會掉下去,所以補給是非常非常重要的事情。

作為老闆,要做的事情就是把模式設計好,系統就可以跟著運作。一個良好的模式,就得配合一個良好的系統,企業成功與否,系統佔94%,人的因素占6%,可見模式是重要的。假設一艘船造好了,它是一艘全自動導航的船,任何的自動設定、自動導航,任何人上了這個船,按個鍵,

就可以直接航行。

它不是靠個人腦袋去思維，老闆把模式做好，員工就可以駕駛，所以老闆要關注的是模式、是企業價值，而高階管理者應該關注的是績效的部分。模式和績效是不同的，為什麼？如果我是個高階管理人時，我只要把績效、業務數字做的越大，就可以領到越多的獎金，這是我最該關注的事。

但事實上，很可能發生的情況是，你的業績數字是衝上去了，可是利潤卻是下降的，就好像百貨公司的周年慶，營業額看起來很大，但因為打的是折扣戰，而且是打折、打折再打折，因此，能獲得的利潤是很薄的，主要唯一的好處，大概就是現金流動率大。

事實上，對於業務員而言，業務員想的是只要他賣出去的東西越多，抽成就會越高。以老闆角度來看，他不僅僅要考慮眼前的數字的大小，他還要能看到遠程的價值，這才是真正對企業負責任的。

「工業4.0」就是屬於模式創新的概念。現在的主流是人人都可以成為「互聯網＋」，所有的企業也都想要做到「互聯網＋」，你怎麼可能不跟從主流做。也就是說，所有的商業模式都改變了，譬如「P2P」，就是點對點，個人對個人，終端對終端，若是你不改變、不轉型，你怎麼如何能繼續在市場上存活呢？

現在失業率居高不下，為什麼呢？以前的農民，種了菜之後，經由中盤商、大盤商層層批發出去，然後再送到零售商賣給消費者。傳統的做法就是大盤、中盤、小盤這樣分下去，但現在不一樣了，都是「點對點」的交易模式，消費者可以直接透過網站向小農購買，不必再經過所謂的大盤、中盤、以及小盤的層層採購，那種傳統模式已經成為過去式了。現在幾乎什麼東西都可以配送，什麼東西都可以直接購買，小農可以直接把新

鮮蔬果送到你家，因為整個商業模式正在改變，現在「互聯網＋」是一個最重要的改變，一切東西都在因為移動終端的概念而變得越來越方便。所以，想要改變所有的經營模式、商業模式，第一：思維要創新，第二：模式要創新。

產品要創新

接下來要談的是，產品要創新。任何產品，至少有三個關鍵部分要重視：1.要解決未被顧客解決的問題；2.滿足未被滿足的需求；3.重視未被重視的尊嚴等等，而這些問題往往是消費者、顧客的痛點，若是可以滿足或解決顧客的痛點，他的問題、他的需求，以及他的尊嚴，就能成就產品的創新。

像中國的「小米」公司，怎麼有辦法成為市值一千億至二千億美金的公司，日前他們又發表了新的產品：800元人民幣一支的手機，以前它們的手機都是做塑膠殼的，新推出的手機是金屬殼的，就因為他們能夠做出高性能的手機產品，可以做出讓顧客尖叫的產品。

什麼是可以讓顧客尖叫的產品？就是性能很好、價格便宜。但是，有時候也不一定如此，只要它擁有一些別人所沒有辦法滿足的需求，提供別人所沒有辦法提供的功能，顧客會樂意為此付出高價。我們可以觀察到一種現象，產品的創新，有時候並不在於產品的本身，而是產品背後的那個產品，而且產品背後的那個產品，可能才是真正的核心價值。

舉例來說，當你買「微熱山丘」的鳳梨酥時，買的不是鳳梨酥這個產品，而是微熱山丘的文創故事，買的是在彰化一群媽媽們戴著斗笠種鳳梨、切鳳梨的那一份情懷，對吧！以往傳統的產銷模式，只需要把產品做出來就可以賣錢了，而現在的每個產品需要有個能打動人心的故事，沒有

情懷就無法打動人心。

例如，小農的米，具有情懷的米，因為它是爸爸、媽媽堅持理念，如何不用農藥、不用化肥地把米種出來。所以，為產品說一個好故事，把產品背後情懷表達清楚，是一件很重要的事情。

 ## 爆款神器設計三部曲

所謂好的產品（爆款、神器），要從三個角度去看它，1.是消費者洞察；2.把產品做到極致；3.做出來的產品要讓顧客尖叫。最好的產品要兼顧這三個部分。

1. 消費者洞察

- 消費者怎樣瞭解你的產品
- 消費者是如何分析你的產品
- 消費者怎樣購買你的產品
- 消費者怎樣安裝你的產品
- 消費者怎樣使用你的產品
- 消費者怎樣確定產品為他們帶來的價值
- 消費者怎樣為產品付費
- 消費者怎樣獲得產品支援與售後服務
- 消費者是如何購買更多產品或是為你的產品宣傳

要知道消費者是透過什麼管道了解你的產品，了解之後，他們又是如何分析你的產品，經過比較後，會覺得你的產品真的比其他家的好，然後消費者怎樣可以購買到你的產品？是透過網路、透過終端管道？哪種管道最方便？消費者買回來之後，要如何安裝你的產品？如何使用你的產品？然後，他們怎麼確定產品可以為他們帶來價值？當消費者肯定你的產品價

值後，他們要如何付費？當然是以讓消費者越方便處理越好，像「微信」的付款方式就非常方便而快速。最後，消費者要怎麼獲得產品的支援與售後服務？通常在產品售出後，成交就是絕交的開始，因為公司沒有提供「到家服務」。所以我們要想，消費者在買了你的產品後，如何讓他們再買更多你的產品，為你的產品做宣傳、為你傳播好口碑，就像粉絲一樣。

2. 把產品做到極致

把產品做到極致，首先就是做越簡單越好用的產品。東西不要複雜，簡單才是王道，為什麼現在的手機都被拿來當相機了，因為消費者不再需要像操作傳統相機那麼複雜、麻煩，簡單的產品更能獲得消費者青睞。再來，要做出超越對手的產品，像是在某個功能上就一定要做得比競爭者好。

極致並不等於最好、最便宜。有時候，我們把產品做到最極致，而最好、最便宜的產品不一定叫極致。因為有些消費者並不是要用最便宜的東西，而是要買性能最好的產品；有時候，消費者不是要用最好的東西，而是要用最方便的，若是這個東西很方便使用，就會喜歡它，覺得這個東西很好；有時，我可能不是要泡一杯100%最香醇的咖啡，而是需要一個很容易就能沖泡來喝的咖啡。把「很容易」這部分做到極致，就是成功了。

或者是把消費者、用戶重視的指標做到最好，其他的指標都可以忽略。當用戶重視便宜，而你的產品達到「最便宜」，就是滿足消費者需求了；消費者重視方便，而你把「最方便」做到極致，就能深得人心，不需要全然做到面面完美。

3. 讓顧客尖叫

把產品做到讓顧客尖叫，把體驗做到極致，給顧客最好的體驗。有句話說：「要先控制期望，再超越預期」試想，若顧客本來期望沒有得到

這麼多，你先承諾給五，最後卻給了八，顧客是不是就尖叫了?!當我承諾顧客：你買了300元的東西，可以買到A+B+C的套裝組合，而我們現在給他A+B+C+D+E的組合，顧客立刻就尖叫了。有本書《海底撈你學不會》，海底撈之所以能那麼成功，就是它提供了很多消費者想都想不到、想都沒想過的服務。

服務的創新

　　人們追求感覺、體驗性的東西越來越強烈，而體驗感、儀式感都變得非常重要了。以前，我們不注重儀式感，現在卻非常重視，所以儀式感變得越來越重要了。「海底撈火鍋」是最誇張的例子，當你在餐廳外面排隊，他們就利用這段排隊時間給你做美甲、做腳底按摩、幫你擦皮鞋……等等，這些做法就是要讓那些本來會因等待而抱怨的情況，變成有趣的等待，甚至覺得等待也蠻好的。在海底撈，說到要排隊，顧客會想到「太棒了」，因為要排隊，所以可以做美甲沙龍、有專人擦皮鞋，因為要排隊，可以享受到腳底按摩的服務。事實上，「海底撈火鍋」是把它的主要營業項目，以額外的方式提供附加價值的服務，而且是免費的附加價值服務，因此大大穩定、鞏固顧客對它的忠誠度。

　　另外，顧客一進海底撈火鍋餐廳，就有店員主動上前服務，看到戴眼鏡的人，就主動遞上眼鏡布，吃火鍋本來就會讓眼鏡有霧氣，一般來說都是拿個紙巾來擦拭，可是「海底撈」給你真的眼鏡布，雖然布質很粗糙，但還是比面紙好，讓顧客感覺到餐廳的貼心！然後，你如果點麵條，餐廳提供的是手拉麵，那怎麼知道這麵是不是手工拉出來的，他們就在現場拉麵條，讓顧客看得到真的是手工拉麵，這就是儀式感。他們以無微不至的服務，號稱肉麻式的服務，從桌邊服務、到美甲沙龍、專人顧小孩，居然

還有變臉秀及拉麵秀，以各式花俏的服務，贏得消費者的心。

以前大陸的百貨公司商場裡，飲食部的配置大概佔了7%，如果有100層樓，只有7層樓是賣吃的，現在已經提高到37%～47%。為什麼呢？因為像衣服、化妝品、鞋子、玩具等商品，拜電子商務的發達，都可以在天貓、淘寶網買到還能宅配到家，根本不用親自到現場買，所以，現在還會來百貨商場的顧客，主要是為了「吃」與「體驗」來的。所以，「吃」與「體驗」是消費核心。因此，如果你能給顧客更好的體驗，有好的體驗，顧客就更加願意來消費。

談到王品，王品非常強調服務，但最近有點改變做法，減少了對顧客服務干擾，服務也是要有一定的限度的，因為服務員每次都問，問得太頻繁，顧客也會覺得煩的。最近，我去王品吃飯，他們就沒有那麼多的介紹，服務員雖然不像以前問得那麼頻繁，但還是有適度的服務。

在盛記點了個京蔥焗鍋，上菜時你看到一個砂鍋上綁了一個紅色綵帶，服務員遞給你一把剪刀，並對你說：「現在要吃了，請主人把蓋子打開」這就是儀式。在深圳四季同仁吃椰子雞，在煮雞的過程中，店員會用一個沙漏提示你三分鐘之後，就可以吃雞了。用沙漏計時來增加「儀式感」，就是要讓顧客覺得「好玩」，然後免費替你宣傳。

北京外送快餐「叫個鴨子」近來爆紅，固然因為物美價廉，也因為店名「叫個鴨子」，這個名字其實很容易引人遐想，為什麼？因為女的性工作者叫「雞」，男的性工作者叫「鴨」，這是利用人們的潛意識想像進行炒作，滿足你對鴨子的一切幻想。這家店老闆是個年輕創業家，名叫曲博，遠見雜誌還曾經訪問他。他的店「叫個鴨子」，明明是賣烤鴨的，可是把烤鴨送來的人是個猛男，他的員工都是猛男，穿著很時尚，戴著谷歌眼鏡，開著名車、奔馳（賓士）、法拉利，拎個禮盒來到顧客的地方，大

聲一喊「誰叫的鴨子？」然後會有個女生羞怯地說：「是我」，顧客要拿烤鴨時，要先跟這名猛男拍照，相片還要上傳網路，表示又多了一人「叫鴨子」。所以說，很多人並不是為了吃烤鴨，是被那個儀式所吸引：「叫鴨子、等谷歌猛男跟我一起合照」，明白這個箇中概念吧！

現在所有產品所伴隨的服務，就是要創造給顧客經過特別的體驗後，所傳播的故事，這種做法，已經成為服務的要點了。服務要用心，這是毋庸置疑的，用心的服務，才能帶動更多的顧客，用真誠感動顧客，我想大家都懂。

台灣的服務業，在所有亞洲地區裡，被公認為是比較用心，而且是真的在用心服務，不是虛假的，那種用心是很重要的。有聽人說過，台灣最美麗的風景是「人心」，的確是如此。

台灣人很和善、親切，我們本來就有個習慣，會主動到街頭巷尾做服務，看到有需要幫忙，路人都會主動上前幫人，在別的地方，要問路，對方通常都是冷漠地轉身跑掉，我們在這方面做的比別人多，只要把這些好的品質、好的習慣持續表現出來，就能創造更多好的體驗。

世界上還有更多體驗沒有想過，可是你可以去做做看，有一天，我從美國要搭飛機回來，在機場的服務員問我要搭哪家航空公司飛機，我就告訴他，他居然跟我說：「God bless you. 願上帝保佑你。」為什麼？問題出在「服務」。試想當你在飛機上這個密閉空間裡，只有空服員和乘客，在這幾個小時的航程中，如果飛機提供的服務很爛的話，這一路又不能中途離開、下機，該怎麼辦？。新加坡航空強調重視服務，他們是把顧客當員工一樣看待，提供最好的服務品質，所以，全世界最貴的飛機是新加坡。因為它把服務做到最好，所以它值得較貴的價錢。

31 把同行的小事，變成自己的大事

　　把同行的某件小事，做到專精、最好、極致。將你的競爭同行不做的小事，轉成你唯一的「大事」，針對某一特定的區隔市場，盡全力服務，就是個很有發展潛力的機會。譬如，台灣聯強，以前是做3C產品產業，之後發展3C產業物流，如今它是最大的3C物流集團。原本他們也可以像Acer一樣去做3C產品，但他們並沒這樣選擇，反而是去發展3C產品的物流，並且在這方面做到最好，因此會有很多的3C產品公司主動找上他們來配送，這樣龐大的市場就足夠他們去發展了。

　　把同行的小事，變成自己的大事，這是創業者可以去找尋到的商機。例如，你觀察到未來銀髮族市場很大，你要做養老服務機構，而養老院的產業鏈環節有哪些要做呢？硬體設備方面包括選地、選址，院區規劃、大樓裝修；軟體服務的部分包括管理的服務、餐飲的服務、醫療照護的服務、休閒娛樂的服務……可以做的項目那麼多，是不是每個環節都需要自己來做呢？當然不一定。今天如果我不一定要自己蓋一間養老院，我可以只做老人院這個事業裡的送餐服務，我把所有老人院的送餐服務集中到我這裡來做，這就是同行裡的小事，成為我唯一的大事，你肯定可以做得比別人更好、更專業、更極致。

　　例如，大陸有家公司，專門幫忙替前十大的大型連鎖餐廳做採購業務，之後再將這十家餐廳所需要的品項，成立一平台，做總量總採購，由於是連鎖店，他們的採購量必定是很大，現在將這十家連鎖店所需要的採購量匯集在一起，其採購量更大了，也因此這個採購平台就更強、更有能

力了。再加上讓懂這行業的人來經營管理，做到專精、極致，就是創業最好的方向。現在有很多的企業、廠商都強調機械化生產、機器人做的產品，但若是反過來強調用純手工製作的產品，反而能成為高檔貨，更能引起消費者喜愛，因為物以稀為貴，例如家裡的浴缸，曾經以自動化浴缸為上品，現在卻以傳統手工木桶為上品而受到消費者青睞。諸如此類，堅守某一行業，並且做到最好，是可以看到很多機會。

　　以前，有一家公司叫做IBM，同業還有一家公司叫HP，那麼IBM和HP這兩家公司以前做的都是大型電腦，但是在做大型電腦的時候，跳出了一個公司，它就利用IBM和HP這兩家公司的縫隙市場看到了六個字——「小需求、大市場」，因為在以前那個年代裡，電腦都是大電腦，所以在大電腦的時代，你可能不會聯想到小電腦有存在的可能，可是小需求反而可能成為大市場。所以，蘋果電腦什麼都不做，只做小電腦。而後來也證明小電腦的市場的確比大電腦的市場還要大，所以找到一個當時沒有被發現的利基點，這就是有利的關鍵。

　　很多從事教育培訓工作的人，經常會需要租用飯店裡的會場、租教室，而另一個也是做教育培訓的同業人士，他發現做教育訓練的同業都有租借場地的需求，而且也知道同行需要哪些類型的場地及配套的設施，後來他決定不再做教育培訓的事業，他轉而發展替做教育培訓的同業，代理處理租借場地的服務，把同行裡的小事，成為我唯一的大事，這是小市場、大需求的概念，雖然這是小事情，但是相對的它的市場卻更大，現在為更多人服務，而賺到更多的財富。

32 人脈經濟圈

　　做生意離不開人脈關係，俗話說：「經商需要人脈，因為人脈等於錢脈。」有句話說的很好：「多一個朋友，就多一條路；少一個朋友，多一道牆。」做生意是需要朋友的支持，所謂「在家靠父母，出外靠朋友。」創業者一開始要做的事情是盤點（整）你的人脈，不同的人脈就會有不同的作用關係，例如有：資金方面、訂單來源、啦啦隊能為你打氣加油的……等等。在這些人之中，有誰會是支持你的人呢，在資金方面可能會支持你的來源，往往是你的父母、兄弟姐妹、親戚；至於你的啦啦隊，就是你最要好的同學、朋友，在你在事業挫折感時，晚上有朋友陪你喝個酒，唱唱歌，做你的啦啦隊；所以你需要有各種不同類型的人脈。

　　除了資金、啦啦隊來源，你也需要專業的人來管理你的團隊，而這個也是從你的最好同學、朋友中有經驗的人來做是最靠譜的。有些人的創業，是來自先前的工作基礎、經驗，做出事業方向，所以你的前同事是最適合的人選。在訂單來源方面，一定是來自於你舊有的顧客。無論如何，這些人脈之中，都可能是你盤點的基礎，最重要的是你如何讓這些人脈能夠發揮到最好的功能。

　　例如，你在舊公司時，有一百個顧客，可能其中有百分之二十的顧客會支持你而來買你的產品，因此第一筆訂單通常不難產生，但是如果光是依賴老顧客的支持性訂單，那未來如何發展下去呢？所以，你一定要付出比你以前在老東家更多的心血、努力，做出更好的內容、品質以及附加價值；如果你的產品能夠強調更多的附加價值，才有可能與顧客形成很好的

長遠關係，一起與你往前走，這是以傳統思維來持續你的企業。

社群朋友圈

　　但是，這時代已經改變了，所謂「人脈」往往來自於你不認識的人，在網路上，你可能加入某個社群，在Facebook有社團、在WeChat有社群，也可能某個不認識的人來加入你的社群，在這些群組中，去注意每個說話的人、談話的內容，以及他們的Po文，往往在這些群組之中，可以找到後續可以協助你結交、延伸、可用的、可共同創造價值的人脈。由於你大量的加入許多群組、朋友圈，因此不要擔心害怕去傳播你的訊、資料。

　　我們有投資一個企業，他們要在電視台做一個有關創業的節目，這個需要有人贊助，有的是冠名、有的是產品置入行銷等等，他們把這些資料放到所有各個群組裡，讓大家都知道，而對這個提案有興趣的人，就會主動找上門。有時你被拉入某個組群，在這裡你只有認識兩、三個人，其他都不認識，群組的優點是，當你把訊息發出去時，屬於這個組群的人，只要他們上網就一定看得到所有資料，所以，只要你主動積極有所作為時，就會鏈接更多更多你不認識的人，不管你是否熟悉的朋友，一傳十，十傳百，都是你的既有人脈以外，再出現的資源。

　　有一本書《六個人的小世界》（The six degrees），裡面說到：任何一個人，跟你想見面的人，頂多有六個人，只要你用心，一定可以找得到六個人，他打賭，你的朋友的朋友的朋友的朋友……，最終會有一個朋友認識美國總統歐巴馬，這是有可能的。這些朋友之中，一定會有個人是國會議員，這個國會議員就會和歐巴馬認識，這是有60%的機率，這代表每個人都有各自屬於自己的群體，你只要抓住一個人，並且認真經營，一

定可以結交到更多更多的朋友，所以，人脈並不是個個都是你認識的朋友。所以，社群都是人脈，你要勇敢去發表，勇敢去說，你不說，永遠不知道，只要你保持持續地發表訊息。這個時代做生意的關鍵就是「社群經濟」，就是用社群創商機交流、推薦、分享、購買，藉由社群互動，產生購買行為的方式，這是社群經濟有意思的地方。

在以前，行銷主要透過廣告，從電視廣告裡，你已經知道它要賣東西給你，所以你的戒備心會早早就升起。但是如果有一樣產品，你看到一堆明星為它做代言，做見證，很自然地跟著大家一窩蜂也買單了。一群喜歡BMW汽車的人，他們都是BMW的玩家，因此，這群人組成了一個社群，當你想要找買高端產品的人，你就加入這樣的組群，這樣你的產品一定容易銷售出去。所以要努力加入更多的組群，透過社群去討論，因為對於這個主題有興趣，才會在群組裡討論。

也有人是靠經營社群而賺到大錢的，在大陸有個「大姨媽」社群，在一開始，只是大家在群組裡討論女性生理期方面的問題，後來有人給建議要如何改善、有人提供相關用品，最後這個社群竟擁有5000萬人的婦女會員，現在你就可以針對這社群特性，做很多有關婦女的東西。所以，現在你想要創業，可以透過社群經濟的概念去開發。

現在有很多企業都會Facebook裡成立「粉絲頁」，自己設立的組群，最多可以有5000人的加入，而粉絲頁就沒有人數限制了，所以要善用社群經濟力量、媒體工具。有人每天在YouTube分享他的心情故事，就會找到與他有共同經驗、心情的人，而這類的網路平台是越來越多了，同時也越來越重要了。

同時，也可以結交社群領袖，有個團體叫「K友匯」，這個創辦人叫老K（管鵬），他利用Facebook建社群，傳播速度非常快，他手邊有三

百個社群，全部用地點來區分，有K友匯總會、K友匯台灣分會、K友匯廈門分會，總共有三百個地方負責人，只要在某個地方有訊息發出時，其他三百個負責人一定會看到訊息，在各個地方分會領袖會有屬於他的組群成員，又可以再細分到各地領袖管轄範圍內的各個點的組群，同步的發出訊息，如此一來，傳播的速度之快，令人難以想像。所以他在短短的一年內，三百個城市，每個城市都有各自的區「匯」，只要一有訊息發出，至少可以有一百多個人會同時知道，所以是非常龐大的網絡。當你有這麼龐大的社群時，想要做什麼就能夠做什麼了。

除了以地區、城市設立的群組之外，還有以興趣、生活的參與來建群。像是有想要學習的人所組成的社群、演藝圈內的人所組成的演藝社群，如果有人要拍影片、找模特兒等等，就會透過這類的社群去找資源。有個金融群，會員有上百個，一旦有人需要借貸時，發出訊息之後，很可能有人可以幫你找到利息低的貸款，為什麼有用呢？現在去談判就非常有用的，所以，先藉由進入群組朋友圈，然後可以認識很多人，之後就產生影響力，有了影響力，在談判的時候就變得有用了，可以有更多的籌碼，這是個典型的社群經濟的代表。

管鵬越來越有名，就有越多機會出席很多的會議、演講，在這些會議裡又再度認識更多的名人（大咖），所以擁有更多的「K演藝」、「K名人」……等等的各種「K」社群，有地域性的社群組織，也有專業性的社群組織，所以這種發展速度是非常驚人的。

由於你有足夠的社群、有足夠的資源，自然就有足夠的影響力，當你有足夠的數量，就有人願意和你談生意，願意給予許多優惠的方案，有做月餅的公司，就是透過這種社群力量，在短時間內創造出驚人的銷售量。

當然也有人只是將社群當作抒發心情的地方，並沒有刻意要經營人

脈、創造市場價值的想法。中央電視台的一位主持人，他在微信公眾號做了一個需要付費的App：「為你讀詩」，他的聲音音色極好，所以有很多人到微信公眾號下載，只要你打開這個App，就可以聽到他為你讀詩，這是一群喜歡「詩」的人，就會形成了一個經濟。所以，以前的人脈是朋友關係，以前社群是興趣的組合，現在都可以創造經濟。你喜歡詩，有人為你讀詩，你喜歡做菜，有人教你如何做菜，透過YouTube的點擊，你就有錢可以賺，但是這個錢並不是學作菜，而是從YouTube的廣告商的贊助、支持而獲得。這就說明，你還能拐個彎，從第三方那裡得到錢，成為你收入的來源。

若是能夠認真地努力去經營你某個興趣、能力，打造一個適當的平台，在這個社群裡，與大家分享。所以，一群喜歡詩的人，偶而也需要瘋狂一下，「讀詩群」可以和「爵士團」共同合作、交流，這就是跨界，很多的界限就會慢慢消失。但還是要堅持先經營一個社群，在這個社群裡有食、衣、住、行、育、樂等等各種需求功能，不管是分散或是匯集，都能做得到。

33 產品銷售

最好的產品是不需要銷售的，因為它有口碑，我想這個角度是比較直接的，最好的產品是透過口碑，是大家告訴大家，我告訴你，你告訴他，主動傳播，那才是最好的產品，所以產品是公司的股票，購買這個股票會增值，因為喜歡這個產品，會帶更多的人來買這個產品。如果是不好的產品，顧客就會用「腳」投票，顧客就會掉頭就走，不要這個東西，而且再也不會重新走進來。所以，產品的銷售，首先還是來自於足夠好的產品，不夠好的產品是沒有人跟你談的，這個是很現實的問題。

走出去，說出來，把錢收回來

銷售產品，首先要從態度開始，關鍵就在這句話：「走出去，說出來，把錢收回來。」這是我們非常強調的。一個再好的產品，如果你沒有走出去把它展示出來，人家不會知道你這個產品是什麼，所以要勇敢走出去，最好主動拜訪大量的顧客，建立最多的連結。

走出去之後，還要走到顧客的面前，勇敢地說出來，很多人雖然是走出去了，可是走到顧客的面前時，顧客說：「你要幹什麼？」「沒有！不小心經過」你不敢說出來，因為害怕銷售，害怕行銷。既然走出去了，還是要說出來，說出來之後，要勇敢地把錢收回來，不能只是介紹你的產品而已，一定要認真地把你的產品推廣出去，把它賣出去。所以要確實執行——「走出去，說出來，把錢收回來。」

而在心態上，一定要有一個基本心態，這是我在辦催眠大師馬修・史

維課程時，我們當時在台灣做訓練，所共同推演出來的一句話，這句話是：「我是一個宇宙無敵的超強銷售戰將，我可以在任何時間、任何地點，銷售任何東西給任何人。」這在心理上是一個很重要的自我確信跟自我認知——我是一個超強銷售戰將，而不是說，到了顧客門口之後，就自我設限，覺得今天一定會被拒絕。因為你的心態決定你的結果，這是毋庸置疑的。我會在任何時間、任何地點，所以只要我願意，我會在任何時間、任何地點，我就會把它銷售給任何人。我可以銷售給任何人，不代表我已經銷售給任何人，也不代表我已經銷售成功，可見心態上的自我準備，是非常非常重要的。如果心態上，沒有像這段自我說服的準備，產品肯定是賣不掉，這是毫無疑問的事實。

決定一個銷售業績的關鍵因素是專業知識和行動量。當你的專業知識是一百分的時候，可是你沒走出去，行動量是零分，一百乘以零，還是零。銷售業績是兩樣東西相乘的結果，而不是相加的結果。你的專業知識是零分，但是非常努力，一天到晚都出去拜訪顧客，你零分的專業知識和一百分的行動量相乘的結果，還是零分。所以，專業知識也要同步提升，行動量甚至還是要夠多，才能把銷售做好。

以下分享幾個銷售要訣：

1.心理建設，所有的銷售都是從被拒絕開始

沒有人可以在任何情況下銷售能立即成功，一次就成的。即使是我，有很多人認為我是教育培訓界裡，最厲害的銷售人之一，我的成交率也不過在15%～～20%左右而已，不可能每個人都會自動跟你購買東西，所以銷售都是從被拒絕開始，而顧客就是我們的老師，顧客給我們拒絕的理由，可以作為我們調整方向、改善產品的依據，但是有時候你用盡一切的努力，對方沒有跟你購買，沒關係，不需要自責，信心滿滿地對自己說：

「顧客他不跟你買，是他的損失，因為我只有這麼少的東西，只能給少數人，你不跟我買是你的損失。」所以，第一個是心理建設。

2.充分的準備

充分的準備包括一個要最完整的前置準備。你要去拜訪顧客之前，要針對對方的情況先做演練，見面的時候要怎麼說話，在什麼時間，說出什麼故事，什麼時間把產品拿出來，什麼時間之前先不用急著拿出產品，什麼時間先讓客戶看資料……等等，要有完整且周全的前置準備。然後要熟練劇本，剛開始的時候，你不會，沒關係，從第一句到最後一句，要確實而徹底地演練過。銷售的另一意義是：顧客買下的不是你的產品，而是基於對你這個人的信賴。所以你要銷售的是你自己，當你自己可以被客戶所信任、獲得肯定的時候，你後面推薦的任何東西，都很可能有機會再銷售出去的。

3.同步共鳴

你要調整立場跟客戶同步，站在客戶的立場去思考，以客戶的需求做為最終的依歸，不能只是自己強力要把東西賣給對方。

舉例，賣保險的時候，若依照對方一個月的所得，其實買一個年繳十萬元的保險是高保的，可是你硬要對方買一個年繳二十萬元的保險，這其實是站在你的立場，不是顧客的立場，因為顧客買了這個年繳二十萬元的保險，你多拿到一些佣金，可是顧客卻陷入生活所得支配困難的窘境，客戶會反過來罵你、埋怨你，所以還是要真正的站在顧客的立場，調整立場與顧客同步，以顧客的需求為最高準則。還要替客戶做成有利於我的決定，這個是很重要的，這個「我」是雙方的我，對我來講，我的銷售是有利的，對顧客來講也是有利的，所以有時候，顧客就是欠缺臨門一腳，所以你需要幫他分析，分析出對雙方都有利的情況。

4.善用互動，廣結善緣

在面對營銷或採購業務時，營銷人員都是很辛苦的，採購人員其實也是不容易的，都是在辦公室裡辦事，所以你要懂得要如何去鼓勵這些跟你合作的人員，所以第一要熟悉公司的人脈，了解他的職權，知道這件事情誰可拍板，誰不能拍板，了解最關鍵的人。如果承辦人員是一個職務低階的人，你要懂得在高階人員面前去稱讚低階人員工作很有效率，常為公司爭取利益……等等的美言。因為你知道你跟他做生意可能是一次、兩次，可是他在公司裡面如果受到主管肯定，對他來講，他在公司未來發展會變得比較好，也許未來你也有機會和他合作。再者，跟高階要明確授權的對象，並且取得信任，就是說，我知道你很忙，接下來是不是由陳經理來負責，陳經理的決定是不是最後的決定，就是要在高階人員的面前，直接尋求授權，這樣就可避免你要什麼事情都找最高的負責人，你就不一定有時間處理完。

5.善用傾聽

傾聽真的比說還要重要，所以善用傾聽，用發問的方式，引導顧客來發表他的看法，「哎呀，有關這個部分，你的看法是什麼呢？」「有關這個空調，你覺得什麼樣的空調相對是理想的空調，」就是專心傾聽，先聽對方的意見，聽對方的聲音。接著，實際記錄顧客所需、顧客所講的內容及意見，你要很重視，並且把它記下來，當你和顧客交談時，還要非常認真地做筆記，顧客會覺得他很重要，覺得他的想法被重視，他的意見有被傾聽，這個很重要。

再來，在傾聽當中，找出顧客購買點的組合，投其所需，來說服他成交，所以聽的過程要記錄，從記錄的過程中要找出線索，也許你就能發現本來要賣淨水器給對方，說服他的理由是對他的皮膚好，但在問話的過程

中，你發現她很疼小孩，很愛她的老公，所以你可以說買這個淨水器是為了老公健康及孩子的未來，這才是最後能說動顧客購買的銷售重點，投其所需才是關鍵。

6.精神所至，金石為開

我們講營銷，首先要誠懇踏實，誠懇踏實是推銷自我的最佳表現，誠懇然後踏實。再來就是誠信無欺，因為誠信無欺，可以做一輩子的生意，這是長期交易的第一要件。

再來就是熱忱服務，不管顧客買或不買，你都能認真、熱忱地服務他，所以顧客心裡會明白這不是一次性的銷售，他們期待這是一輩子的服務，是更多機會的服務，是長期的服務，所以服務是關鍵。熱忱的服務是顧客選擇時最大的考慮。

 市場營銷

市場營銷談的是策略應用，教你如何去爭取最佳的成績，用最低的風險、最低的成本，得到最大的投資報酬率，所以說原則是：成本低、風險低，回收率大。

 以最低風險和成本爭取最佳成績

要做好營銷，有一個銷售盈利成長三步曲可以好好運用。營銷的最終結果要是要提升獲利。這三步曲是——

1.增加顧客的人數。

2.增加每一筆生意的平均獲利，也就是我的每一個生意獲利提升。

3.再來是增加每一年的採購次數，就是在每一個顧客身上取得更多剩餘價值，就是同一個顧客，向我購買的次數更多，本來一年消費一次，變成消費兩次、消費三次，就是最重要的部分。

舉例說明，你本來的顧客假設是1000人，每賣一筆單賺100元，一年向你購買2次，所以1000人乘以100元乘以2次，就是二十萬了。

我們再來看看，如果這三個部分都分別增加了的話，結果會有什麼變化。請參考下頁表格，假設我本來有1000名顧客，顧客人數增加了10%，就1100人，我的利潤本來是100元，增加了10%，就1100元，原本顧客一年跟我買2次，一年若增加10%，次數就2.2次，這樣相乘起來我的業績就有266200（二十六萬六千二百元）；那如果我把人數增加33.3%呢？1000人變成1333人，每一筆買賣本來賺100元，變成賺125元，獲

利增加了25元，本來一年買2次，增加了50%，變成一年買3次，這樣相乘起來業績就變499875元（四十九萬九千八百七十五元），額外增加了149.9%，所以每個項目只要基本上提升了一些，它後面的結果就會提升更多。

您目前的業務如下：

客戶人數	每筆生意的平均盈利	每人的採購筆數	總和
1000	*100	*2	=200000

三個部分都分別增加的話，變化如下：

增加客戶人數	增加每筆生意的平均盈利	增加每人的採購筆數	總和
1000	*100	*2	=200000
增加10% 1100	增加10% *110	增加10% *2.2	增加了33.1%， =266200
增加33.3% 1333	增加25% *125	增加50% *3	增加了149.9% =499875

增加顧客人數的20種策略

企業在原有的經營環境下，要增加營業額成長一般來自三個部分，第一，就是吸引新的客戶；第二，則是增加原有客戶的購買規模或購買次數；第三，則為防止顧客流失，也就是增加顧客忠誠度。如能三管齊下，業績必能蒸蒸日上。在增加客戶數方面，我們可以利用工商名錄、電話簿、網站目錄……等明確找到設定的客戶目標。對於潛在的目標客戶的尋找則可以利用商展、專業雜誌廣告及客戶或合作廠商介紹來找尋。吸引新

客戶的方法，可以從擴增經營項目、範圍、據點、通路，來增加與消費者之接觸；或是通過行銷手段，提升品牌知名度，增加與消費者之溝通以，以及調整產品組合與服務內容的廣度與深度，以吸引不同目標市場的客戶群。例如，近年來麥當勞提供外送服務，也是用延伸通路的方式，吸引顧客。連鎖超商賣咖啡、霜淇淋等，就是以延伸產品線，做為吸引新客戶的手段。

針對既有客戶，可以嘗試增加單次消費規模或消費次數，以擴大營收成長。所謂單次消費規模的提升，也就是增加每次消費數量，其必然是因為消費需求增加所致。但如何能夠刺激消費需求，以增加單次銷售數量？一般常見的行銷模式多半是折價促銷，凡是多買就有相對的折扣，以刺激買氣。

針對產品獨有的特色進行促銷活動，以吸引客戶上門。瞭解顧客來店消費的心理需求，再針對此消費心理需求設計促銷活動。有些消費能力很強的顧客，有促銷優惠時才會來店消費購買，但他卻沒有收到促銷優惠訊息的客戶，所以店家要設法找出這些顧客，定期寄發促銷活動訊息。

以下提供在開發新客戶及增加顧客人數的20種策略：

你可以透過以下方法增加客戶數

1. 推廣系統
2. 即使目前只能達到收支平衡，也應接受顧客，待稍後才考慮賺取利潤的問題
3. 給予無風險和原退還保證
4. 與顧客保持利益與他們的關係
5. 廣告
6. 直接郵寄

7. 電話行銷

8. 特別活動、說明會或研討會

9. 收集可能銷售物件清單

10. 開創獨特銷售特質

11. 透過更好的顧客教育計算，增加產品／服務在顧客眼中的價值

12. 測試前提、標題和優惠

13. 公共關係

透過以下方法留住顧客，提升黏著度

14. 提供比高過期望的服務水準

15. 經常與顧客溝通，以建立關係

透過以下方法，巧用詢問提升銷售業績

16. 訓練員工提高銷售技巧

17. 立即確認可發展之線索

18. 提供無法抗拒的優惠

19. 測試不同的建議

20. 透過告訴顧客「原因」來教育他們

　　至於在增加顧客消費次數、提升客戶使用的黏著度方面，可以從來店消費顧客資訊分析，找出熟客的來店頻率，設計一銷售促進策略激勵熟客來店消費的次數。以下是可以促使顧客更常購買的六大策略：

1. 研發一種能夠不斷重新與顧客接觸的商品

2. 為了與顧客建立密切關係，應透過電話信件等與顧客保持聯繫

3. 認可他人的產品，允許您的顧客接觸此產品

4. 組織特別活動，如閉門銷售。

5. 為您的顧客編制程式

6. 提供多買多得的獎勵

而可以增加平均每筆銷售盈利的六大策略如下：

1. 改善職員的銷售技巧，以便能向上及交叉銷售

2. 使用銷售點促銷方法

3. 將互補的產品及服務做配套

4. 提高價格以及增加利潤

5. 改變產品或服務的形象，以期讓產品看來更為「高檔」

6. 允許更大數量的購入

35 多一張、高一點、大一些

　　如果你不是某個領域第一個創業的人，你就必須要以更快的速度、更努力付出，才能超越站在你前面的人，否則，該有的位子早已被卡住了，表示前面已經很擁擠了，有人比你早出發，若是你再慢慢走的話，永遠也追不上在你前面的人，更別談你要超越他。

　　「多一張、高一點、大一些」的概念是日本壽險界最知名的TOP SALES柴田和子提出來的，並且是她實務親身驗證出來的結論，在這裡分享給創業者們。

　　柴田和子是日本一位非常知名的保險業務人員。她賣保險有一個特別做法，她要求自己每天所成交的保單數一定要比公司營業處裡賣出最多保單的人再多一張，她才會休息。例如，今天公司個人最高成交單數是三張保單，柴田和子也賣了三張保單，一樣都是三張，要比三張多，就得再做一張，她發現自己努力了一天，竟然只能平手，當天她就不回家了，在檢討會議結束後，立刻想辦法再多成交一張。一定要比單位裡簽下最多保單的人多一張保單，這是她自我要求的「多一張」。

　　所謂「高一點」，假設現在公司裡最高的成交數量是三張保單，我也努力地成交了四張，確實做到了「多一張」的目標，但別人的三張保單加起來的金額是三百萬元，而自己的四張保單加起來只有二百萬，業績並沒有比別人高一點，所以，她就會再走出去，繼續跑業務，就是要把總業績再提升到比別人高，只要業績沒有比別人高一點，就不下班，她就是這樣自我要求才能有今日的成就。

「大一些」，就是成就感要大一些。如果今天的檢討會中，她發現自己所簽下的對象都是家庭主婦、老朋友，可是別人可能簽下的是國會議員、排名前面的富豪、低所得的人……等等不容易成交的人，於是會議結束後，她就再去努力成交那些困難度高的人，每天讓自己保持在一個旺盛的戰鬥狀態，有成就感的狀態。

保險業這樣做，企業老闆當然也是一樣的，今天我進入到青少年領域裡去與同業競爭，今天我從事加盟業，就要比別的加盟商要多一家加盟店，我簽下一家加盟店三十萬的績效，而別人簽下的是五十萬，我簽下的是十家三百萬，別人是八家四百萬，所以，我告訴自己要再努力，讓自己的總績效比別人高一點。別人因為做了幾場說明會而達到目標，而我也挑戰自己的極限，再努力讓目標比別人多一點、高一點，成就感再大一些。

因此，把「多一點、高一點、大一些」套用在自己的公司、銷售上，甚至是利用在內部人員培訓上，都是一個很好的提醒。既然有人利用這三點成為最有能力的保險代理人，相信我們也可以利用這三點，來創造自己企業下一階段更高的成就，更高的位子。

36 沒有執行力，就沒有競爭力

　　當年我們創辦實踐家的時候，除了有個使命：「把世界帶入中國大陸，再讓中國領航世界。」之外，還有「21世紀的競爭力，決定在學習力；學習力的全方位落實，在於行動力。」這告訴我們，行動、執行力是非常非常重要的。

　　所謂競爭力優勢，當別人的服務無法滿足客戶需求，而你卻做到了，這就是你的競爭優勢。首先你要先做比較，找到差異化，找到自己最有競爭力的地方。例如，有些人覺得我的競爭力是來自於表達能力很好，這是錯誤的想法，事實上，我整個競爭力是來自整合資源的能力，所以，如果我把所有的精力都放在演講上，是有點可惜的。我同樣去演講，但不是課程的銷售，而是企業的投資；今天我做的是股權的募集，做的是幫企業招商，整合我學生的資源來幫助我所投資的企業，讓他們可以做得更好，成就更高、營收更大。這是我最大的競爭力，也是我最大優勢。把最多的時間放在自己最大優勢上，把你的資源投入在最應該投資的領域上，才有機會把企業越做越大，並且越來越好。

　　但是沒有執行力，就沒有競爭力。如果我知道某位客戶對某件產品有非常高的需求，可是我卻沒有去生產他所需要的產品，沒有去滿足客戶需求，因為我沒有去執行，也就沒有競爭力了。

　　曾經有一件事令我非常遺憾，在2001年，大陸有個知名的企業家江南春，他認為電視和報紙等主流媒體已經被政府控制，戶外廣告早就被其他公司壟斷，走進大樓裡，發現只剩電梯裡還沒有廣告，覺得這是商機，

他來找我談商業模式，準備在電梯裡設廣告。他說完之後，我只對他說：「很好，加油！」卻忘了說我想要投資他，後來他成功了，從首度推出電梯廣告、外灘活動LED廣告，到合併手機廣告商，江南春靠著源源不絕的創意一再顛覆既有遊戲規則，創造新的話題。2005年，他的公司在美國上市，如今有了上百億的身價。如果當年我有投資他1～2%，現在我也可以有一、二億美金了。現在他有這麼大的價值回報，而我只能在旁邊看，因為我沒有去參與，沒有去執行。

我們「Money & You」有句話：「唯一的失敗是不參與」，我們只講勝利者、學習者，不講失敗者。我們認為只有勝利與學習的差別，沒有勝利與失敗的差別。唯一的失敗就是沒有去做，說得再美好，沒有去行動，結果就是沒有。

在我十幾歲的時候，我曾經暗自許下一個夢想，當時還沒有像阿宗蚵仔麵線連鎖店，因為我非常喜歡吃蚵仔麵線，想要做蚵仔麵線的連鎖，但這只是在我腦海裡想想，直到我上大學才發現有人已經在做蚵仔麵線的連鎖店了，現在連台灣的阿宗蚵仔麵線已經在大陸蘇州開店了，而我還停留在空想的階段，所以沒有執行力，就沒有競爭力。看準了就去做，設定好目標，就行動，千萬不要一直站在旁邊觀看。

有一種現象很常看見，那就是抱著自己做出來的完美計畫書，非常自戀地看了三年，卻從來不出手，就是有這樣的人。也有人想要讓自己的企業轉型成互聯網，所以經常看看別的企業如何做的，說了很久，還是沒有真的去轉型，別人都已經利用互聯網方式大發利市，而他還在看著別人，自己始終都停留在計畫的階段，並沒有任何的成績、成就，所以沒有執行力，就沒有競爭力。

37 顧客忠誠度，是教育出來的

有時你對客戶好，客戶並不一定能夠感受到你的善意，所以你必須很明白地告訴他，你對待他究竟有多好、多麼地優待他。因為現在很多的消費者都是得了便宜還賣乖，你待他越好，他覺得是理所當然，越是習以為常，因此，要如何讓顧客對公司有一定的忠誠度，是需要經過教育的。

把價值說出來，讓客戶更愛你的產品

客戶教育可分成兩個層級來談，一是如何讓客戶更愛使用你的產品？如果你銷售的是保健食品，你不僅要教顧客如何吃，而且要看著他吃，之後，還要常常提醒他吃，顧客吃不夠時，你還得要陪他一起吃，當顧客吃不完時，你要幫他吃，否則顧客買了一瓶要回去，可能就不再去碰它，再好的東西，如果不去吃它、使用它，怎會知道這產品的好，就等於是白費、白買了。

我們自己也曾經犯過一樣的錯誤，大約在十年前，視訊會議不如現在這樣普遍、方便，當時有位學生來推薦視訊會議系統器材，有一個類似電視的東西，前面裝設一紅外線監視器等等一些複雜的裝置，並大大地描繪一偉大願景，公司使用了這套系統，可以同時把所有分公司主管召集在一起開視訊會議，非常方便管理……說了很多有益於公司運作的優點，於是我們就用了公司產品與他們交換，買了這套設備器材，由於我們沒有人會安裝這套系統，而且那家公司也倒閉了，因為沒有人可以協助安裝，以致於至今這些器材仍被閒置存放在倉庫裡。雖然這套視訊系統很好，卻因為

廠商沒有教客戶如何安裝使用，客戶沒有使用它，就感受不到產品的好，客戶還會因此抱怨這個廠商，這真是非常吊詭的事。

例如，我最近購買的隨身型空氣清淨機（像項鏈一樣，可掛在脖子上的），它是全世界最小的空氣清淨機，操作非常簡易，就像你的手機一樣，只要充電，按鈕一按，就可以使用了。所以你一定要讓顧客知道如何使用，讓他們可以真正感受到它操作容易，使用方便的優點，否則，你的產品再好，客戶不知道、不理解，也是沒有用的。

顧客是需要經過被教育的，讓顧客了解如何使用產品，並且能夠真正感受到產品的好處，產品本身的價值才會存在，顧客才會繼續持續使用你的產品。同時，也應該讓顧客知道他可以行使的權益有哪些。有一天，我差一點就衝動買了一部Lexus汽車，這家 Lexus汽車就在我公司附近，我走進這家Lexus汽車公司，業務員對我說：「先生，您在這附近上班？」我說：「是啊」，業務員高興地說「太好了！以後您開車經過這裡時，可以在我們這裡吃早餐，然後在您享用早餐的期間，會有人幫您把車子清洗乾淨，等您吃完早餐，車子也清洗好了，這時您就可以舒服地去上班了。」Lexus強調他們的服務，是給車主提供每天早餐，以及每天洗一次車，依照我走路上班這麼近的距離，如果我每天去Lexus吃早餐，可能每天吃到的東西都是一樣的，因為他們不可能像家裡一樣，每天變化菜色，但是它強調的是對顧客尊貴的服務，你可以每天來洗車、吃早餐，每天到貴賓室坐，他們知道如何彰顯顧客的身份，如何提供最好的服務。很多公司都只知道要把對顧客的各種服務及好處詳細列在使用說明書上，卻沒有再以口頭方式一一介紹，不要認為顧客都會自動去看說明書，我們要主動告知，讓顧客知道他買這項產品的價值在哪裡，所以，顧客是需要被教育的。

我有一張中國信託早期發行的頂級信用卡，當時我聽業務員介紹只要辦這張卡就能一年365天在機場免費停車，一聽到這個好處，我就馬上申辦了這張信用卡，為什麼呢？因為我出國的頻率太高了，一年約有300天都在海外，以前我是自己開車到機場，機場一天的停車費約120～150元左右，一年下來，約要花費4～5萬的停車費，那時的卡費約2萬塊，有人覺得好貴。但是東西的價值貴或便宜，那是要看你用哪種角度來看待，對我而言，它一點都不貴，因為我可以節省的停車費遠遠高於他們所收取的年費，同時，它還有一項優惠，持這張卡的卡友到台北市中山北路上的晶華酒店用餐，消費客數在40客以內的話，只需負擔20客的費用，所以我只要在晶華酒店舉辦一次公司聚餐，就相當划算了。

很多業務員業績不太理想的原因大部分是沒有做好教育顧客這件事，業務員除了要協助客戶滿足他的需求，同時也需教育客戶接受產品理念。把顧客教育好，顧客覺得增值了，就會願意掏錢；沒有教育就做不成生意。舉例，在中國大陸，一般家裡使用的空氣清淨器，一台約人民幣3000元，我有一種迷你型可隨身攜帶的空氣淨化器，一台約人民幣999元，看起來好像比家用型的貴，事實上並不是這樣的，我們仔細來算一算，空氣清淨機放在家裡，我們每天下班回到家後才能使用到，一天使用時間約有8個小時，可是你每天在外面的時間約有16小時，而這台999元可以使用16個小時，可見這台迷你型清淨機要價999元，一點都不貴的。當業務員這樣一解說，顧客就非常明白、了解其中的道理、感受到產品的價值，所以，顧客是需要被教育的。

寵愛你的客戶

另外，除了需要教育顧客如何去使用你的商品，並且能夠有效地運用

這個商品以滿足他的需求之外，還應該要寵愛顧客，為顧客成立一個粉絲群，現在有微信公共平台、Facebook等的社團粉絲群，善用這些群組功能提供產品相關資訊給顧客。網路發達的今日，顧客對公司的黏著度非常重要。要無所不用其極地讓顧客知道你的店、你的品牌、你的產品，否則有太多人輕易就能把你的客戶帶走，因為現在消費者的選擇性太多了，只有深度的服務與長期互動，顧客對公司及業務人員的黏著度才會提高，所以要不斷地提供資訊，不斷地舉辦活動，與顧客保持一個緊密的聯繫，維持住顧客。

銀行針對信用卡的頂級卡友辦過類似這樣的活動，為各銀行的無限卡的卡友、高貢獻度的白金卡友包下微風廣場，其中有二個小時是專門提供開放給頂級無限卡友購物，給他們VIP級的禮遇，這兩個小時內的消費人數雖然不多，但是他們的消費金額卻是驚人的，因為持有無限信用卡的人，必定具有驚人的消費能力，一方面為你的卡友辦活動，一方面也增強了消費者對信用卡黏著度的價值。

當然，給顧客的教育裡面，有了解、購買、使用，維護，繼續存在的，最好是能夠教育顧客成為你最好的傳教士，我認為，企業就像是一種宗教，老闆是教主，員工是傳教士，顧客是信徒，顧客原本就是單純的個人信仰者而已，但他也可能成為傳教士，幫你到處傳教，所以教育顧客會為你帶來很多好處，以前的情況是顧客就是顧客，但是現在我們要把顧客教育成為我們產品的代理商，讓消費者成為合作者，這恐怕是未來最重要的事情。

讓顧客清楚知道，他在消費的同時，也能夠成為我們的代理商、合作者，除了消費產品，還可以創造更多的價值，當你在推薦、銷售產品時，也能夠創造價值，我不斷地強調這種關係的存在，這已經沒得選擇了，為

什麼呢？因為顧客自己會觀察，我在這家商店消費了三十年，我是這個品
牌的愛用者，我推薦了很多顧客，而這家公司卻沒有提供任何好處回饋給
我們這些老客戶，而我在另一家公司，才去消費了三個星期，我推薦了顧
客，就立即獲得了很多好處以及回饋，這樣一來老客戶還會想支持原來的
店家嗎？由於商品從廠商到顧客手中之間的中間層級已漸漸消失，自然就
會直接對應、接觸到顧客，而誰才是你最好的營銷管道呢？顧客本身就是
最好的營銷管道，所以要教育顧客成為你的合作者，共同往前走。

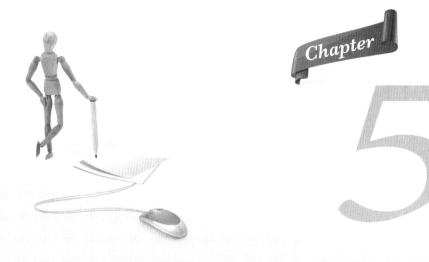

資源整合，共創雙贏

～懂得協作分享，優勢互補，共好發展

38 自己做的叫營業額，平台分的叫淨利潤

　　什麼是「自己做的叫營業額，平台分的叫淨利潤」？舉例來說，A先生是賣帽子的，B先生是賣衣服的，兩人彼此約定，互相為對方介紹生意，約定以10%的營業額作為回饋，也就是九折的意思。沒多久顧客上門，買了A先生100元的帽子，所以這100元就是營業額，緊接著A先生就向顧客推薦B先生的衣服，於是顧客買了2000元B先生的衣服，而這2000元便是B先生的營業額，因此這筆生意做下來，A先生可以得到賣帽子100元的營業額，而他介紹顧客買B先生的衣服2000元，依雙方約定A先生可以從中拿到10%，也就是200元的報酬，對於A先生而言，這200元就是淨利潤，若將這200元換算成A先生賣帽子的利潤的話，那會是多少幾倍？這就是「自己做的叫營業額，平台分的叫淨利潤」。

　　在這裡我想和大家分享一個觀念：任何人都可以透過合作，讓自己賺到營業額，平台分得淨利潤。例如，我們（實踐家教育集團）投資的一個叫「嘻哈幫」，有48間培訓跳街舞的舞蹈學校，每個學生的學費是每年9800元人民幣，對於嘻哈幫來說，這9800元人民幣是營業額，由於我們投資了「嘻哈幫」10%股權，我們就是關係企業，所以我們可以為彼此介紹生意，並給對方營業額的30%~50%作為報酬。我們對「嘻哈幫」學員的家長說，除了孩子的街舞跳得好之外，應該給予學生做更好的情商教育，結果家長也很認同讓孩子接受情商教育，而情商教育的學費是3000元人民幣，若情商學校分給嘻哈幫50%營業額（1500元）作為報酬，那

麼「嘻哈幫」除了自己做了9800元的營業額（其利潤可能僅僅只有980元）外，還額外再增加了1500元的淨利。這件事對於雙方有何好處？對於「嘻哈幫」來說，他們能夠增加淨利潤，而對於我們實踐家來說，表面上似乎少了營收50%（1500元），但事實上是降低了廣告等等的開發營銷成本，是非常划算的；再者，來上課的學員越多，人均成本也會同時降低。假設我有50個學生，開課成本是50000元，平均每個學生的開課成本是1000元，當學生人數增加到100人時，開課成本每人就只需要500元，成本就降低了。因此，當我有更多的合作夥伴加入時，對於主辦者的人均成本就會降低更多，利潤也就相對提高了。對於我的合作者來說，他的好處是淨利潤提高，所以，只要你願意合作，在平台的機制之下，雙方所創造的利益、效益，是你難以想像的龐大，這樣的結果是你好、我好，大家都有很多好處的雙贏效果。

我們所投資的香港英皇教育（King's Glory Education），它是一家三十年的老學校了，共有十八所分校，他們的收費是一個科目2000元港幣，若利潤以10%來計算的話，就是20元港幣，今天我們投資了英皇教育的股權之後，同時和英皇教育合作，把實踐家學生所上的課程，推廣給英皇教育的學生。試想，如果是我們自己去英皇教育推廣，過程會比較辛苦的，因為英皇的學生不了解我們，對我們還沒有足夠的信任感，但是現在我們是英皇的股東，我們可以透過英皇的老師、班主任跟學生家長介紹實踐家及實踐家的課程，這樣他們就比較容易接受我們了。英皇教育賣自己課程的利潤是10%，但現在銷售實踐家的課程可以分取其中營業額50%的報酬，因此英皇教育的淨利潤因為這個合作就提高很多了。

我們很樂見更多人努力和不同的單位進行合作，有了更多的合作、整合，就會產生更龐大的回報，對於雙方的事業有更好的發展，這就是雙贏。

39 豐富的海洋

　　我們在教「Money & You」課程時，會提到一句話：「豐富的海洋，我是豐富的海洋。」學生就會重複這句話，接著老師說：「我是豐富的海洋，所以什麼都不要，只要去給。」學生就再次重複這句話。世界上最低的地表平面就是海，即使是河流，最後它也會輾轉流入大海，所以一切都會到海裡去。海是最低的平面，海以最謙卑的方式接收所有的東西，全世界所有的垃圾，經過水源，最後流入大海，由於大海承接了所有的東西，所以形成了特殊的生物鏈。海洋占地球面積的70%，但嚴格說來，應該是占有100%，因為陸地是浮出在海平面上的狀態，所以有板塊移動的現象。經營企業的時候，如果你懂得建構平台，如同海洋一樣，可以容納最多的負面東西，而海洋也是以它博大的深度把這些負面東西都稀釋掉了，海洋的巨大面積，自動形成了一偉大的生物鏈，而能豐富地存在，海

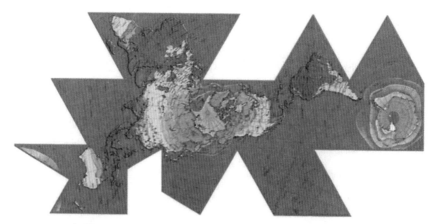

富勒博士所繪製的地圖

洋甚至吸收了陽光，儲存了能源，雖說海洋分佈在各個大陸之間，有印度洋、大西洋、太平洋等等，但這些海洋終究是連成一起的，世界上的水都是無窮包容，如果你以海洋做為學習的模範，你會發現這是完全不一樣的概念。

在此，附上一張富勒博士（R. Buckminster Fuller）繪製的地圖（請見左頁圖），他是在講述一個海洋的概念，如果每一位創業者，都能從這個角度去思考經營企業，就會變得非常不一樣。

從太空角度看地球，地球像是一座島嶼，座落在一片海洋之中，這也是地球太空船。這張地圖與一般的地圖不同，一般的地圖是類似長方形的正方形，而且北美洲與南美洲是站著的，而這張富勒博士的地圖是多邊形，他的北美洲與南美洲是躺著的，從右邊看是南極洲，接著南美洲、北美洲、西伯利亞、俄羅斯、中國大陸，往上是中亞、歐洲、非洲，往下是東南亞，最後是澳洲、紐西蘭。用這個角度看世界，全世界陸地好像都連接在一起的樣子，只有澳大利亞、紐西蘭是分開的，如果說，把澳洲、紐西蘭與東南亞以無數小島來做連接，也算是完整地銜接起來。

當時富勒博士為何會想出這樣的地圖？是為了解決地球的能源危機，當時他認為，未來全世界的人口會越來越多，能源一定不夠用，若是能源不夠，一定會發生能源大戰，只要全世界的人向海洋的精神學習，就不會有能源戰爭。從地圖來看，非洲有全世界最多的核能發電所需要的鈾礦，澳洲也有豐富的鈾礦，如果把右上角非洲的鈾礦與左下角澳洲的鈾礦集中到美國，美國有世界最好的核電發電技術，東、西半球只要透過幾根大的輸電線就能連接起來，因為當一邊半球是白天的時候，另一邊是晚上，當美國白天時候，因為工業用電關係，需求量比較大，白天所生產的多餘電量，就可以輸送到另一邊半球的人來使用，因為晚上用電需求較少，是足

夠的，這是富勒博士的理想世界，全世界的能源應該共享，有鈾礦的國家提供鈾礦，有技術的國家就提供技術，試想，如果全世界不要每個國家都設有核能發電廠，也不會有地方因為技術不夠成熟而產生核安問題，像日本的核洩漏事件，除了日本本身損壞嚴重之外，還影響周邊其他國家的安全度，如果人類能夠向這張地圖學習，用一個不同的角度看世界，世界就是豐富的海洋，全世界的資源是共用的、共享的。

彼此整合，互相利用

在合作過程中，必會有衝突、磨擦，如果能夠像地圖上以北極為核心，然後將地圖往後凹摺，所有的尖銳地方都會匯集在一起，呈現三角錐的形狀，最尖銳的三角錐都會融合成一球狀，我們可以注意到所有的球體建築物都是由很多個錐體形成的。所以，企業人士若能能向這張圖學習，這就是整合，整合就是利用，「利」是創造共同利益的「利」，「用」是善用彼此資源的「用」，所以要善用彼此資源，創造共同利益，集合所有人最好的專長能力，彼此互補，這是從豐富海洋的角度來思考、學習。

我們有個機會去參訪台灣苗栗的大學，原本這個行程是要討論我們實踐家是否要進入這間學校的董事會，但在我與校方溝通的過程裡，我發現我們不應成為一個取代別人的人，而是能夠有效地幫助別人，海洋的精神就是「給予」，除非你不斷地破壞海洋，它才會反撲。我們不再想要如何接管這所大學，而是思考如何幫助學校，無論是在師資上、學生作品往外發展方面、找尋或媒合更多產學合作、尋求更多企業家來幫助學校、為學校做更多招生等等，都是以海洋角度去思考如何給予幫助，而不是去要一個學校，如果我們是以搶奪為目的的方式進入學校，他們也會懷著戒備的態度面對我們，一定會有所反彈，我們認為學校自己做，比起我們來做，

要更適切、更好，我們是像海洋般的無私角度去協助校方，所以，最後我們沒有用大筆資金購買學校，而是學校提供他們的資源，與我們建立合作關係；這是「給」出來的結果。

有些人會認為「給出去了」就會匱乏，這是錯誤的想法，這是匱乏的心理。人類要生存下去，需要陽光、空氣、水，請問陽光不夠用嗎？太陽每天都會升起。空氣需要用搶的嗎？當然不需要，水占地球面積的百分之七十，難道不夠用嗎？可是現在人們蓋大樓，越蓋越高，把陽光遮蔽了，為了舒服，在家開冷氣，出門開車全程吹冷氣，因此有更多的廢氣排出，造成嚴重的空氣污染，而水的部分呢？因為大家亂丟廢棄物造成水污染，為了要有乾淨水可用，人類必須付出更多的代價才能淨化水。以前，家裡的水井，只要天上一落水下來，把水煮沸就能飲用了，幾乎沒有東西是不夠用的。

在二次大戰裡，英國、日本、德國等，為了搶奪別國資源，到處殖民、移民，甚至發動戰爭，英國號稱「日不落國」。當你覺得匱乏，就會有掠奪，有掠奪行為，就會帶來彼此的傷害，回到創業的角度來看，企業家、創業者應該是海洋，你曾經以小池塘自居，如果你的心態只是個小池塘，一個小時之後，池塘裡的魚可能就被抓完了，如果把心態再放大一點，像是日月潭那般大，日月潭一旦遇到不下雨，還是會乾涸，我們沒有聽說海洋會有蒸乾的時候吧？也就是說，格局不同的時候，事業的發展會更不一樣，影響的角度就會不一樣。

40 為越多人提供服務，為自己創造越多的財富

　　孫中山是我的偶像之一，他說：「聰明才智越大者，當服千萬人之務，造千萬人之福；聰明才智略小者，當服百十人之務，造百十人之福；至於全無能力者，當服一人之務，造一人之福。」富勒博士曾說：「你服務的人越多，就為自己創造更多的財富。」

　　你為何做銷售？如果是一對一的銷售，就是為一個人服務，但如果你可以做小型演講，一次說給五十個人聽，就是為五十個人提供服務，你也可以做大型的演講，一次說給五百個人聽，就是為五百個人提供服務，你的單位時間是一樣的，但是在單位時間內所獲得的回報是截然不同的，因為你所面對的基本數字是不一樣的。

　　以前，你寫的日記，只有你自己知道，但是現在，你寫的作文，班上同學會看到，而現在如果你在你的部落格、微博、Facebook登載你的文章，卻能夠讓全世界的人都看得到。你拍的影片，自己看，那是孤芳自賞，但是你將影片po上YouTube，透過點擊，點擊率越高，廣告價值就越高。因此YouTube可能就會找你討論如何分錢給你，所以，你開放得越大、越廣，相對應的價值就會越高，就越能夠替更多人提供服務，進而為自己創造更多的財富。

　　有些人爭取成為協會、組織的領導人、召集人、會長等等，我們鼓勵大家努力用正當手段去爭取，當服務性質的職務越來越多時，就代表你幫助人的機會就越來越多，大家是透過服務性質的社團組織看到你的表現，

而認同你，這是最純粹的力量，一旦未來你要做什麼事情時，大家對你的看法會是，你是一位不為利益而做事情的人，是值得信任的人。努力去爭取做義工、志工團體的負責人、幹部等等職務，因為可以為更多人服務時，你累積的信譽、可靠度就會越來越多、越好，真的可以為自己創造更多、更大的財富。

從前，你做事時，只會考慮到你的直接對象，而現在不能只顧及單一對象，就連對象的附屬團隊都要一併考慮進去，因為你把考慮的對象擴大了，你的價值就更高了。以前經營企業，只要照顧好老闆就行了，現在不止如此，還得把重要員工的生日、員工家屬的生日都要記得，因為可以幫越多人服務，就能夠創造更多的財富。

由於你每推出一次好東西，都是在累積一次別人對你良好印象的肯定，肯定次數越高，累積出來的信任度就會越高，做起事來也就更加方便。

年輕人不必擔心，當你有價值的時候，你就可以和別人進行「價值交換」，因為我的價值跟你的價值交換之後，彼此就可以產生一個「新的價值」。創業者不用害怕去「分享你的價值」，當你越願意分享，你的價值平台就會越大；當你越不願意分享，你的價值平台就會越小，所以你必須「主動去分享」。如果我們不交換、不合作，就不會有新的機會、沒有新的可能。因為盡量地「給」，不斷地「給」，給得越多，得到的回報也就越大，因為天堂就是「給」出來的，地獄是「要」回來的。相信大家都聽過天堂與地獄吃飯的寓言故事：有一個人做夢的時候，夢到自己去了地獄，他發現地獄裡面的人，每個人桌上的飯菜都是山珍海味，非常豐盛。但問題是，每個人的兩隻手都變成了兩支不能彎曲的長筷子，他們夾了菜之後，都只想給自己吃；於是你可以想像，他們怎麼做都吃不到飯菜，所

以在地獄裡的每一個人都非常地飢餓。

　　但是當他去了天堂的時候，他發現天堂和地獄的場景是一模一樣的山珍海味、大魚大肉，而且每個人的手也都是兩支長長的筷子。可是不一樣的情景是，天堂裡的每個人都將夾到的飯菜餵對面的人吃，正因為他替對面的人服務，他餵飽了對方、幫助了對方，那麼對方當然也會餵飽他，所以人人都可以吃到菜餚。因此，只要你願意為越多人服務，就能夠創造越大的財富。

　　原本實踐家是做成人的培訓，所以只有少數老闆、主管級可以參與，現在我們開放服務，讓更多人可以參與我們的課程，我們的實踐菁英打造了一平台，從零歲到二十二歲，形成產業鏈，讓更多人可以參與，所以我們便服務更多的人，創造了更大的財富。

41 贏得行業大獎

　　洛可可設計公司（創辦人賈偉先生）他們會參加各種比賽，拿過各種大獎，像是德國紅點大獎（Red Dot Design Award）、美國Idea或日本G-Mark……等等，每當他們得到設計領域的大獎時，代表他們的影響力再度被認可，當影響力越大時，代表它的行業地位提升，發言權就越大，他們的產品服務價格相對地就能夠越高；洛可可得獎的作品，同時也代表著顧客的產品得獎了，它的價值、價格也就跟著提高，也因此賺到了最便宜的廣告，這些得獎事件必定會有媒體報導，若是自己刊登媒體廣告，是要花很多錢，而且效果也就僅僅只是一個老王賣瓜、自賣自誇的廣告，並不具太多意義，但是透過媒體報導就不同了，節目會描述得獎背後的種種辛苦歷程，這樣的報導就是一種可信度極高的廣告，這種得獎營銷方式，蠻有意思的。而我自己也有很多次得獎的機會，因為我們發展的地點在東協（東盟），東南亞有十個國家，整個東盟的加盟協會，在2013年，這協會就頒發給我們一大獎「東盟最佳商業教練的大獎」，於是我們就有了「東盟最佳教練」的稱號，雖然我不是重視這些獎項頭銜的人，但是這個稱號，的確對於我們在東南亞的發展，是非常有幫助的，相對地，你回到中國大陸、回到台灣，代表你是個具有國際觀的企業。

　　去年，我獲得一個大獎「世界劍橋華人榜」這個獎，每年有八到十位的得獎人，當時頒獎典禮在澳洲雪梨舉行，我還是出席了，我從杭州飛了十幾個小時，領了獎之後，又馬上飛回。我不是為了這個名號，才去領獎，但是藉由這名號的影響力，我們在行業中就更有發言權，你的結果是

希望幫助更多人得到更好的發展，當你具有行業的影響力以及發言權的時候，是有益於你希望的成果能夠實現。

去年，中國品牌協會頒發給我一獎項：兩岸貢獻獎。因為我們帶了很多台灣的學生到中國去與各界交流，也帶了許多大陸、東南亞的學生到台灣來進行交流。雖然我們不重視名號、得獎，但是不可否認的，這些得獎名號，帶給我們更多別人對我們的信賴，實質發展的肯定。這次，我到杜拜領獎，旅途過程也是非常曲折、辛苦，去參加這頒獎典禮，並不是真正在乎這個得獎名號，而是它讓你有機會在這領域裡，談談你正在做的事，為中國創新、實踐家的公益貢獻等等，和更多人做了一個分享。

我們也曾經接受了馬來西亞首相署的邀請，擔任中小企業拓展中心的國際戰略智囊，說實在的，中國現在有「一帶一路，互聯互通」政策、而台灣有「南向政策」，再加上馬來西亞是東協的主席國，具有很大的影響力，既然有了他們國家授與的智囊團職務的身份，那你真的就有機會連接東協與中國大陸、台灣等地的產業，你就有發言權，同時也能夠幫助到更多的人。以前，我們完全排斥擁有名號，但是現在發現，有時這些名號不是為了名氣上的虛榮，而是相對應而來的影響力。如果結果是好的，我認為就不要給自己過多的設限。

去年，東吳大學校委會推薦我，頒給我榮譽博士學位，說實在的，雖然我曾被退學了，但我並不是那麼在意學位，然而也因為我求學過程曾經被退學、現在努力於教育培訓等等的故事被報導出來，因而鼓勵、激勵了那些也曾經跟我有同樣被退學經歷的人，給予他們無限的啟發，帶來了某種程度的示範效果。因為你知道你的用心，能夠在這個領域有所成就與突破，並不是為了沽名釣譽，當你被發現的過程，相對地可能就有更好的位子來分享給大家。

　　《遠見》雜誌報導世界華人領袖高峰論壇，他們邀請我與王文華先生做對談，畢竟《遠見》雜誌是業界裡很受肯定的媒體，所以在那個論壇裡，兩岸的企業和東盟的企業都會來，如果不是因為我們在工作上、創業上做了很多的努力，受到各界的肯定，今天也不會站在這個舞台上，所以獲獎，是代表你的舞台影響力，所以你要善用它，發揮你的影響力，才能夠幫助到更多人，這樣你所獲得的名號，才不會白白浪費掉、或是白白被利用了。

42 參加協會組織

　　創業者最好能夠多參加一些對自己有幫助的協會、組織、或是平台，譬如，年輕的創業者，可以參加青商會，裡面有許多青年商人，彼此有很多的工作經驗交流，如果你是有些經歷的創業者，可以參加獅子會，裡面有許多老闆、企業家。在社團活動時，彼此一起參與公益活動，彼此可以有較深刻的認識，在公益活動之外，可以相互合作、做生意，節省很多不必要的摸索時間。

　　參與服務性質的社團組織，比較能夠看到一個人的本質，因為服務性的工作，就是一種無償的工作，作為一個大老闆，願意放下身段搬桌子、搬椅子，擔得起、放得下，需要他負起責任時，他會扛起責任，需要他不顧名位時，他也能放得下，這樣的老闆，容易給人留下深刻印象，對自己事業一定有所幫助的，獲得更多認同、提升個人價值。

　　創業者要多多參與一些商業性組織，並積極努力爭取相關職務的競選，但是競選結果並不是那麼重要，如果沒有當選，那也無所謂，關鍵是在每次的競選活動中，可以讓大家有機會看到你、認識你，每次你上台發表意見時，讓大家能夠更了解你，你就更能夠連結更大的人脈，一起來做事情。

　　我原是美國國家寫作協會會員，以前的夢想是把世界帶進大中華圈，現在我和我的學長，新成智教育集團朱清成、大陸的瘋狂英語的創辦人李陽，我們三人是中國國際演說家協會（CSA）的聯合發起人，凡是要進入我們協會的人，必定要經過我們三人的審核，所以我們就有機會挑到適

合我們協會的人，頻道、磁場都接近的志同道合的人，更有心一起把中國教育培訓做好並推廣到世界各地的人。所以我們非常鼓勵大家參與協會、創立組建協會，如果你現在想做的事是沒有人在做的事，行業裡沒有人在提的事情，那就太好了，你可以出來組織建立協會，找到志同道合的人。

有一個商業性組織叫「商聚人BNI（Business Network International）」，世界上規模最大、最成功的業務引薦行銷平台。參加這組織裡的成員，都是來自不同行業的人，每星期聚會二次，在聚會裡共同學習彼此的工作經驗，相互交流，連結到更多的商務人脈網路，讓別人知道你在做什麼，如果你們這班有50個人，其中有一人是從事保險工作的，另外的49人的朋友中，如有人想要買保險，就有義務介紹給這位保險業務。有人是從事賣房子的產業，另外的49人的朋友中，就有義務介紹給這位房地產業的人，也就是說，這個協會是在幫助你我的價值增值，我幫你，你也幫我，彼此互相增加價值的最好的一個組織團隊。

所以說，你可以為了某種情感進入組織，尋求情感支持，你可以為了自己的銷售成績，加入某個組織，尋求認同，你也可能是位女性創業家，有自己在創業路上遇到的不便地方，進入組織是為了讓自己有機會聽聽別人的心路歷程、吸取別人的經驗，由於你的企業，會因為你的組織人脈，可以給你帶來更多元化的成長。

43 國際布局：東邊不亮西邊亮

每年的十月一日到十月七日，是中國大陸放十一長假的期間，長達有七天。這七天我不可能在大陸辦課程，因為大家都放假去了，約有七億人出遊，整個國家超過一半的人口都去玩了，所以這段時間當然不可能開教育培訓的課。可是在中國大陸以外的地區，都是正常上班的，所以十月一日到七日這段時間，我幾乎不在中國大陸。

東邊不亮，西邊亮

幾乎每一年的中國十一長假，我都會在馬來西亞、新加坡、印尼跟汶萊等四個國家上課、演講，為什麼會這樣？因為「東邊不亮，西邊亮」的布局概念。中國大陸在放長假，其他地方還是如常上班，還是可以去創造我們的營收和創造我們的價值。

因為區域性和時間差的關係，有個東西可能在台灣可能已經沒那麼多了，但是在中國大陸，卻才剛要開始流行；例如「日出茶太」飲料連鎖店，在台灣創設的同時，也同步引進到馬來西亞，現在馬來西亞最大的飲料連鎖品牌是「日出茶太」，比「coco」還大，這就是「東邊不亮，西邊亮。」也就是說，當你在布局市場的時候，必須要具有宏遠的國際觀，有恢弘態度跟氣度，做起事來的格局也就會很不一樣。

台灣一杯奶茶飲料，賣台幣六十元，換算成人民幣才十二元，但是現在大陸不可能只賣十二塊人民幣，都是賣十五、二十、二十五元人民幣起跳；一杯星巴克咖啡三、四十元人民幣起跳。而且你會發現，中國現在物

價很貴，但是印尼更貴，我經常講，一杯奶茶，台灣如果賣十元，大陸大概賣十二元，印尼賣十四元，那我們看一下國民所得的部分，台灣的國民所得超過二萬元美金，大陸國民所得不到七千美金，而印尼的國民所得不到三千五美金，以國民所得來看，台灣是兩萬一千美元，代表大陸是台灣的三分之一左右，印尼是大陸的二分之一左右，可是一杯奶茶，如果台灣賣十元，大陸賣十二元，印尼賣十四元，也就是說，所得越低的地方，一杯奶茶的價格反而更高。為什麼呢？對印尼而言，台灣是先進的地方，中國就是名牌，若用這個概念來看，消費落後的地方，反而物價更高一些。所以，在布局市場的時候，你要尋找下一個中國，所謂「下一個中國」是指土地夠大、人口夠多、基地密度夠低等三個要素，目前有三個國家符合這三個條件 —— 印度、印尼，還有巴西。

印度是全世界第二多人口數，這是不用討論的，土地也夠大，但是人積密度不高。位在南美洲的巴西，也同樣符合三件要素，可是距離我們台灣最近的是印尼。印尼的土地面積是台灣的五十倍大，是萬島之國，而印尼的人口約有兩億四千兩百多萬，是全球第四大人口多的國家，但他們的人民所得卻不到中國的一半，所以這是一個有力的優勢，反而是下一個中國的特點跟特色。

平行移轉

我們有個產品完成了，有兩種發展的可能性，一種叫「平行移轉」；一種叫「向上提升」。什麼是平行發展？例如，有個東西，在台灣有，而中國卻沒有，於是把這個東西平行移轉到中國去，你可能就是這個行業的老大，你可能就是最先進的，可能就是最多的，這就是「平行移轉」。譬如腳踏車產業，四十年前，在台灣賣腳踏車是朝陽產業，可是到三十年

前，卻變成夕陽產業了，於是將它引進上海，它在上海反而是朝陽產業，過了二十年，原本在上海是朝陽產業的，又變成是夕陽產業了，於是又將產業平行移轉到武漢，它還是屬於朝陽產業，到了十年前，原本是朝陽又成為夕陽產業了，於是又將產業移到烏魯木齊，它還是屬於朝陽產業；現在全中國腳踏車產業是夕陽產業了，沒關係，去印度發展腳踏車產業，它還是朝陽產業，這就是「平行移轉」的概念。

向上提升

第二種發展就是「向上提升」。請問，現在台灣有沒有人騎腳踏車？有啊！上海有沒有腳踏車？有啊！腳踏車是現在比較貴？還是以前比較貴？現在去河濱公園騎腳踏車的人很多，騎腳踏車已變成一種時尚，所以現在的腳踏車價格不便宜了，這就是「向上提升」。

產業的發展形式，不是「東邊不亮，西邊亮」，到下一個地方去發展，就是「向上提升」，以前腳踏車被當成是一種交通工具，現在腳踏車是一種時尚、炫耀的工具，腳踏車的使用目的不同，產業的發展上也會隨著改變了。所以，有人開著吉普車，車後面掛著一台腳踏車，很炫耀地在說我是健康一族，但是那台腳踏車卻從來沒有放下來過。腳踏車的功能性改變了，以前是交通工具，現在是休閒的工具，也是社交工具，有人會在FB貼上騎腳踏車的照片，聽說明星小S在FB上寫著：「我在騎腳踏車，後來跌倒，我又勇敢地再次騎上腳踏車。」

所以同樣一個東西，當你把它的功能設定在價值向上提升的時候，它可能比原來的利潤提高更多倍。平行移轉的時候，這裡不行，就去下一個地方，可能就是下一個市場，這邊是萎縮的市場，而在別的地方可能是正在上升的市場，是這樣的發展概念。

2003年，SARS事件就是這樣的情況。台灣是SARS疫區，大陸也是SARS疫區，香港、新加坡都是疫區，而我的工作主要在台灣、大陸、新加坡、馬來西亞等四個地方，工作區中就有三個地方是SARS疫區，這種情況下，我應該立刻完蛋，因為如果我從台灣飛去上海，就要被隔離十四天，我出來後說聲「嗨」，要從大陸回到台灣，又得隔離十四天，說一聲「嗨」的代價是二十八天。台灣、香港、新加坡、大陸都不能去了，怎麼辦？「東邊不亮，西邊亮」，當時馬來西亞並沒有宣布是疫區，所以我把大部分地區的資源投入到馬來西亞，否則在那個時間之內，全部資源都會被鎖住了。

2002年，我在大陸成立公司，正要開始我的事業，沒想到2003年就遇到SARS事件，公司的發展，立刻受到很大的挑戰，像是立刻就被處死一樣，公司沒有辦法正常運作，幸運的是，當我們在布局市場的時候，有考慮到均衡布局的做法，我們才有辦法不讓自己的企業受限於一個國家、一個地區，我們才有能力去調控。狡兔有三窟，何況我們是「人」。所以，我們一定要有足夠資源去做配置，這樣才有辦法做彈性調控，就是我們說的「東邊不亮，西邊亮」你在一個地方受到影響，到其他地方可以做到發揮。

這樣的布局、配置概念的好處是，我們實踐家教育集國在中國大陸、香港、台灣等海內外各都有配置，所以現在有109個城市已經有我們的實踐家同學會了。當我在這109個城市有同學會的時候，代表我過去努力的基礎，已經得到很好的結果，到處都有學生資源可以支持，同學們也就更願意加入這個圈子。在這個圈子裡，有109個城市支持你，109個城市有人在當地為你提供服務，為你做導覽，幫你做資源整合，跟你共同創業、共同投資，所以你一切的努力，就都有了結果。

　　我們經營企業跟別人最大的差別，別人是一事一地，我們是國際性的布局，有個很大的平台可以來做所有的處理。現在美國很多的產業相對地變便宜了，而中國大陸也有錢了，所以我們也開始在美國布局。

　　現在有很多的人移民到美國加州去，也有很多的人移民到澳洲去，而這些移民中也有我的學生，他們將我國際布局的概念帶出去，本來我在當地沒有聯絡人，而現在我有很多畢業的學生，他們在澳洲聚會，在美國群居，他們可以借用彼此資源，往外做最大的發展。我們實踐家在亞洲地區發展完了之後，現在往澳洲、美洲開始發展事業。所以這樣的發展，讓我們的平台更具有影響力，這個平台後面帶來的價值產業更大。由於我們注意到「一帶一路」政策，所以，我們在中東當地企業界，簽下合約，做了整合，雖然時間很短，但是彼此已確定了合作關係，把一些資源整合在一起。所以接下來我們會在中東做聯繫。

　　前面我們提到平行移轉的概念，是不是只有選擇所得比你低的地方嗎？也不是的。前兩天我在微信發的一則訊息，我們在新加坡已做出了資優生教育系統，我們要開始讓美國同業加盟我們的系統，賣加盟代理給美國、英國人，賣加盟代理給中東地區、杜拜、阿聯酋國家。這些又是另外一個好處，新加坡教育系統是受到美國的肯定的，而美國的教育產業是非常專業的，新加坡又受到誰的肯定？是英國。所以美國願意加盟你，英國也願意加盟你，中東是最有錢的國家，他們對教育也非常重視，他們有錢、有能力去購買最好的教育系統，而他們願意加入新加坡的資優生教育系統，這就是我們在做的投資事業，用國際布局的方式發展事業，把整個資源整合起來，我們的盤子就更加穩固、更加穩定，帶來更大的影響力。

44 消失的邊界

「跨界」在這個時代裡，已經有越來越明顯趨勢了，所有的邊界正在消失當中，舉例來說，以前我們一定知道到賣冰的地方，才吃得到冰，是吧？到打醬油的地方打醬油，到雜貨店買到雜貨，到汽車修理廠修理汽車、保養汽車，到餐廳去吃飯，我們的生活大概都是這些原有的模式……，然而現在的趨勢是，行業與行業之間，產業與產業之間，代理與代理之間，邊界已經開始逐漸模糊掉了，甚至漸漸消失了。

「跨界」成為這個時代核心的精神、核心的要義，或者核心的商業型態。有一句話「羊毛出在豬身上，狗買單。」你有聽過這樣的話嗎？你一定覺得奇怪，羊毛不是出在羊身上，羊毛怎會出在豬身上呢？誰來買單呢？怎麼竟然是狗來買單。這句話的意思是跨界與混合、混搭的機率越來越高了。

舉例說明，今天我看了一場演唱會，原本我應該付門票才能去的，可是我並沒有花錢買門票，那是誰付了門票的錢？是中華賓士汽車，原來是中華賓士汽車贊助了這場演唱會。我去看了這場演唱會，沒有花到一毛錢，這是為什麼？是誰支付了這個費用呢？是中華賓士付掉所有的錢。

前些日子，我的手機收到一條簡訊：「台新銀行感恩回饋，特定貴賓邀約，恭喜你可以獲得10月29日晚間，於台北南港舉辦之台新銀行貴賓之宴，S.H.E之認真女人最美麗演唱會。門票兩張，10月15日星期三之前，請洽詢你的理專登記，逾期未登記，視同放棄，此簡訊只限定特定貴賓，轉傳無效」。

　　S.H.E辦了一場演唱會，誰出錢？台新銀行。我去看這場演唱會，要不要錢？不用花錢，因為跟理專打電話報名，所以理專一定會特別再向我介紹最近又有些什麼樣的產品，他告訴我投資項目目前狀況是如何，及接下來應該如何、一定會提醒我應該做一些調整跟改變，因此我認識了更多台新銀行的理財產品。所以我看演唱會，原本應該要付錢的，結果我並沒有付錢，而是台新銀行付了這筆費用；本來S.H.E應該跟我收錢的，他們卻沒有收到我付的錢，而是台新付了這個錢，這是因為台新銀行會從理專為我推薦其他的產品服務時，有可能賺回更多的錢，所以現在這所有的活動都已經用這樣的模式在運作，已經不是找單一的人、拿單一的錢、做單一的事，而是運用了混合的概念在做事。

　　我們在上海開了一家素食店，叫「大蔬無界」素食餐廳。你到「大蔬無界」來吃飯，一個人的消費最便宜是358至888元人民幣，可是卻有人在結帳時，會消費了36500元，為什麼呢？因為餐廳裡的所有餐食所用的柴、米、油、鹽、醬、醋、茶等等，都是用最好的、最佳品質的食材做出來的，來自於全中國最好的原產地所提供的食材。顧客到「大蔬無界」這裡用餐時，若覺得這裡的米飯很不錯，也給自己家裡買了一些米，家裡需要的油、鹽、醬、醋、茶、咖啡、糖等等，餐廳還能宅配到府配送，一年收費人民幣36500元，約台幣18萬，一個家庭是36500元，一天只需花費100元人民幣，為什麼這樣做？因為我們的餐廳並不只是一個餐廳，我們餐廳裡面所賣的每一種食物，連帶著它的每一種食材，除了在餐廳體驗之外，還可以賣給你，可以讓你帶回去吃的，是真真實實可以吃，不是只體驗體驗就算了，這是一個蠻有意思的概念。此外，你到餐廳裡用餐，牆上會裝飾一些畫作，其實這些畫都是掛在餐廳寄售的，如果客人看了很喜歡，也可以直接把它買回家，所以，顧客可能會在餐廳裡買到一幅畫。

　　當你來到我們實踐家基金會來，也可以欣賞到一些畫家的作品，你來參加活動，聽一場演講，結果你有可能在基金會裡買回一幅畫。所以行業與行業之間，距離越來越短，邊界越來越模糊。你很難想像，現在會在這樣多元享受的地方來參加一場活動。

　　以前你要去旅行，一定是自己到旅行社找資料！現在卻不是這樣的，現在會來一場「說走就走的旅行」，是因為你辦了一張信用卡，而這個信用卡會送你一場「說走就走的旅行」。「羊毛出在豬身上，狗買單」，信用卡請你去澳門旅遊，機票、住宿等等你不需要花一毛錢，對不對，而這個旅遊費用也不是信用卡公司幫你付的，是誰付的錢呢？是長榮航空出的機票，因為搭乘的就是他們的飛機，本來這班飛機機位並沒有全部售出，航空公司只要每一班飛機空出二十個座位就好了，住宿是酒店免費提供，為什麼？因為有空房，沒有賣出去啊！所以，把所有相關的需求集合在一起、連接在一起後，就可以形成一個跨界的商機。這次你搭了長榮航空，感覺服務還不錯，由於你沒有付到機票錢，所以你在長榮飛機上會買了很多免稅品。你住了酒店，雖然沒有實際支付酒店住宿費用，但是你會在飯店裡消費，吃飯、買衣服、看show…等等。也就是說，在原來的營利點裡要做的所有相關業務連結，後續才能產生營利點，這比你直接去找營利點還要有效，所以，我們常常聽到營利點是要後退，也就是說，你賺到錢的方式以及來源，都是要後退的。

　　以前我們是在第一關就要賺到錢，對吧？現在不是的。現在是先把人緣關係養成、配置做好，我在後面賺錢就可以，我在不在最前面賺錢，根本無所謂。

　　所以，市場趨勢越來越會是這樣的一個形式、樣態，現在你走在路上，可能就會掃了一個二維QR碼，你坐公車、火車、巴士、計程車，上

面都有二維碼，只要掃一下，你可就上車了。所以，你有可能掃了一下二維碼，就坐了上了計程車，它可能就決定了你一生的前途，你的命運就此改變了。

「加」的概念，更多的跨界整合

因為邊界已經消失了，每個人的生活領域都會逐漸有跨界現象。例如，以前你在經營餐廳，餐廳就是餐廳啊，很單純、單一的方式經營。現在的做法是餐廳和娛樂綁在一起，餐廳可能會做show，餐廳可能會開演唱會，所以，我們可以從每個人本身領域裡面做出更多的「加」的概念，做了更多的跨界，更多的整合，那就是「加」的概念。

不是只有互聯網有「加」的概念，而是所有的東西都能有「加」，譬如一個餐廳加上服務，服務加，服務可以加上任何東西，對吧！譬如說，你是個賣牛肉麵，小生意本來是不太講究什麼服務的，但你想要給顧客不一樣的體驗，你改善用餐廳環境，你要求員工要面帶微笑、貼心服務，親切地向客人介紹牛肉麵要怎麼吃、怎麼搭配的，令顧客覺得不錯之後還想再來這裡吃牛肉麵，吃牛肉麵的時候，覺得牛肉麵的湯頭濃郁，還能買幾包牛肉麵真空包裝回家，而你使用的麵條是出自一家手工麵條觀光工廠，你還可以因此辦個活動，每三個月辦一次，帶著客人去手工麵條觀光工廠參觀，讓大家可以自己動手做麵條。

所以你會發現，每個東西都是連鎖反應的，一個環連接一個環，接著就會連接起一個大生態出來。以前做生意是一單生意，現在是一單生意帶來一連串的生意，而且最後有可能這生意和你原來經營的事業已經完全是不一樣的了，甚至是完全對立的項目，是你從來沒有想到的，完全是不同的事業。

　　經過無數的連接，可能會產生更大的東西出來，具有更大的包容性，開放自己的企業，做更大的鏈接平台，幫助更多人，也接受別人更多的幫忙，你就有可能混搭出更多不一樣的東西出來。

　　我們實踐家集團是做教育事業的，而我們卻在花蓮買了地，準備蓋我們的「播種者園區」，可是蓋這個園區需要做很多的事，像是環境影響評估……等等，在這個過程裡面，看到旁邊有很多的農地都沒在利用，原本我們的目的是要蓋一間培訓中心，最後卻演變成我們租下農地，老人家就把地租給我們，也就不用辛苦耕種了。我們租下農地後，再找當地的原住民來耕種，這就為原住民提供了就業機會，而老人家們也有了固定的租金收入，農地所生產出的有機米，再賣回西部給那些想吃有機米的人。所以，你曾想過從事教育事業的公司會去種田嗎？

　　我們把田耕作下來之後，有很多花蓮當地的小孩、初中、高中生或者大學生，他們都可以來這裡學習耕種，也有可能在學習耕種的這一群人當中，會有某個人因為跟土地有了接觸，未來會有水稻研發出來，也說不定的。也就是說，你只要越開放，你越不設限，越可能產生無窮的連接，形式上的邊界也就消失了。

　　有個綜藝節目「爸爸我們去那裡」，明明就是一個電視節目，錯了，它是娛樂加教育，它把很多訊息放在裡面，教育加娛樂變成了「爸爸去那裡」。這個東西都是互相跨界，互相參與的模式。台灣有很多的跨界現象，台灣的模特兒，現在都變成演員了，甚至有的還得了金鐘獎。所以，只要我們不要限制自己發展的可能性，就會有更大的價值產生。

45 向競爭者致敬

在《三國演義》的赤壁之戰中，原本該通力合作的周瑜與諸葛亮，卻因為周瑜嫉妒諸葛亮的才能，而彼此鬥智較勁。幾次鬥智都輸給諸葛亮的周瑜不禁大嘆：「既生瑜，何生亮？」如果周瑜與諸葛亮沒有心結、彼此肝膽相照，三國的歷史是否會改寫？嫉妒的心會讓我們看不清事實的真相，並且阻礙了進步的可能性，我們應該學會向對手致敬、向對手學習，你的對手決定了你的價值！擁有「可敬的對手」，反而可以激勵自己有更好的表現。

在以前，我們也曾有過被嫉妒所蒙蔽的情形；剛到大陸發展時，發現有台灣的知名講師比我們更早去到那裡發展，而他們所講的課程內容並沒有實質有用的東西，卻受到廣大的歡迎。想到我們的課程內容更有用、更有幫助，肯定更受歡迎，他們那些只講觀念、沒有方法，都這麼的受歡迎，而我們的課程有觀念、有方法，非常清楚明白，怎能不受歡迎呢？當時真的很不甘心。後來發現，講虛的觀念比講務實的做法更受歡迎，於是我們有了很深的挫敗感。在仔細檢討分析後，原來他們所做的才是對的事，錯的是我們，因為那些競爭者的課程讓每一位來參與課程的學員有了希望，那些學員們正是處在迫切需要希望的階段，對實務的做法並沒那麼需求，我們的競爭對手就是掌握到當時時代所需求的東西，而我們推出的課程就顯得曲高和寡了。

我們的競爭者的課程雖然沒有具體的實質內容，可是他們的內容很適合找到一群年輕人，這些年輕人為了成功，願意成為他們的銷售代表，因

為他們會想像自己有一天也能像老師一樣開好車，住華廈別墅，像老師一樣全身上下都是名牌，因為大陸現在正是處在追求物質的年代，是年輕人追求的目標、方向，他們不會管你所提供的東西，他們只知道，只要我認真不斷地銷售，讓更多人進到教室來，我就有錢可以買車、買名牌、住豪宅。批評競爭對手是沒有用的，因為他們抓住了人性心理的重點以及當時社會的需求，所以，至少我們可以向競爭者學習到如何判斷市場、更清楚瞭解顧客、更清楚瞭解他的員工，如果你用這個角度去思考，還是有值得學習的地方。

有位老師很特別，在大陸有一段很長的時間，市場上都有在販售他的光碟，像是機場。他自稱是來自台灣的講師，但在台灣的教育訓練領域並沒有人聽過他的名號，我心裡就不平衡了，我在台灣這麼有名，而他又不是真的老師，卻打著台灣講師的旗號，後來我發現到他有一些做法是值得我學習的：他把自己在某一堂的教學內容錄了一張光碟，然後PO在網路上，讓它到處可以被下載、盜版，到處可見免費的教育光碟流傳，這是他的手法，因為這樣，他能在很短的時間內，讓很多人認識他，即使他在台灣不是講師，如今他在大陸已成為有名的講師了，就能做更多的輔導服務、教育培訓服務，就有各種的收入不斷產生。因此，我們試問自己，為何我們的光碟要用很貴的價錢賣給人家，而不是便宜地送給有興趣的人？因為我們重視智慧財產權，會買的人也一定尊重版權，我們認為我們的夥伴是少數經營，但是你的想法只能遇到極為少數的人，你的商品只能透過拜訪的方式，才能一一找到這些人，而別人是透過轟炸的方式，便宜又快速，即使沒有實質內容，卻能佔據大量的市場。

任何行業都可能發生一個現象，那就是劣幣驅逐良幣，好的東西被不好的東西所取代了，但我們試想，為何良幣要晚出現呢？為何良幣沒有在

最快的時間內讓最多人認識你是良幣呢？這是一個挑戰，你不能只怪別人劣幣驅逐良幣，是我們沒有以最快速度去驅逐劣幣，二十一世紀講求的是速度與行動，所以我們強調越是好的東西，速度一定要更快。

在中國大陸，去年有家從事殯葬事業的公司「富貴集團」上市了，但是在馬來西亞早已有家叫「富貴集團」，也是從事殯葬事業，並且也早已上市了，也就是說，你在行業裡努力認真的經營，但也很有可能在別的地區有與你同樣行業的人，而且已經做到十分了，如果你自己慢慢摸索，要從一分做到十分，可能需要經過十年才能做到，但是你願意以謙卑的態度跟他學習、交流，你可能在三年內就可以做到十分了，如果你沒有向你的競爭者致敬，只是一味地批評，那你的心就變成忌妒心了，無法看到事實，看到更多的好東西。

我們原本是從事成人的培訓課程，只要簡單地面對企業家，但現在我們從事小孩的培訓，從幼兒園、小學、高中、大學等等，完全不同的教育模式，我們聘請了很多老師，幫我們做課後安親班、託管等等教師工作，我們在新加坡做天才教育，開發天才的老師各種語言、數理老師。我們對這些老師特別尊敬，因為他們有我們所不懂的地方，如果我們從他身上學習，才能有更多的相互交流，甚至更多的合作，彼此共同的創業，創造出不同的價值，這是向競爭者致敬的概念。

中國是個國家實體，也像經營公司企業一樣，不斷地學習，中國領導曾說：「我們中國現代化時間不長，還沒有達到高水平，希望能向美國、西方國家學習、看齊，我們願意更主動、願意去與好的對象學習、分享。」所以，越願意與別人學習的人，自己發展的速度與能力就會越高。

46 資源整合：共同創造和分享

　　這是一個既競爭又是合作的社會，我們要談的是既競爭又合作，對內必須要競爭，對外必須要合作，公司內部要隨時保持競爭的氛圍，才能向上提升，可是對外就必須大家兄弟姊妹一條心，對外保持一致的形象，在前端來說是競合，與別人的「合」，應該要如何的「合」呢？就是需要更多的整合能力，所以「整合」是關鍵，就是通過彼此資源的交換，達到資源分享、協作雙贏的結果。整合就是利用，那又是哪個「利」？哪個「用」呢？就是善用彼此資源的「用」，而利是創造共同利益的「利」，如果可以善用彼此資源，創造共同利益，這叫利用。

　　「整合」能夠給企業帶來多大的好處？一般人很難理解這部分，但是你可以藉由算一筆帳的方式，就可清楚明白個中道理了，整合所帶來的成本的下降、利潤的提升，是很多人沒有仔細去算一算的。

　　例如，有三家公司，一家是從事美容美髮業的連鎖，一家是做房屋仲介連鎖，最後一家是做健康俱樂部的連鎖企業，他們旗下各有很多分店，到了年底的時候，想要做些回饋消費者的活動，他們各自發想，結果可能相似，譬如租場地，邀請理財專家來教大家如何理財，算是提供給顧客的服務，如果美容業要自己來辦這個活動的話，假設場地費是一塊錢，由自己來支付，講師費一塊錢，也是自己負擔，而來的客人也是我們自己的顧客，這樣的結果是1:1。如果是房屋仲介業者自己來辦活動，結果也是一樣，自己的顧客，自己付錢，健康中心自己辦活動，同樣也是如此。後來因為這三家公司的老闆，同時去參加一個協會而相互認識，在聊天過程

中，知道彼此都想辦類似的回饋活動，於是這三家公司就談好決定一起合作，共同舉辦回饋活動，三家公司共同租用一個場地，講師只要一個，成本部分各自只需要分擔三分之一，但是來參與活動的消費者是來自這三家的顧客，所以有三倍的顧客，資源卻有三倍之多，三分之一比三等於一比九，所以三家合作，所帶來的效益是不是多很多呢？如果是四家合作呢？就是十六倍，五家合作呢？就是二十五倍，以此類推，只要能夠找到十家合作，引發的效益就是百倍，可見整合的效益是有倍數的，是一條線的整合。

如果你能掌握一個最好的產品，不會被取代的東西，其他的部分就可以透過整合方式來完成。最近最有名的整合案，就是阿里巴巴集團宣布，聯合鴻海富士康各出資145億日圓，共同投資日本軟銀集團旗下機器人控股子公司（Soft Bank Robotics Holdings Corp，簡稱 SBRH），合作生產機器人Pepper，這是最佳整合的開端。

競爭中的合作

為什麼競爭總是與合作並存？因為自然的法則就是給每一個生命生存的機會，反映在人類社會中，就是每一個人、每一個企業、每一個行業都有自己獨有的優勢和能力，都在努力爭取成功的機會。在這種情況下，將各方的資源和優勢整合在一起，避免競爭中的無謂的消耗，透過合作實現雙贏或共贏的局面，是最智慧的做法，也是一種必然的選擇。只有合作才能使各方的資源得到最有效的利用，使每一方都最大程度地實現自己的目標，創造更大的財富。

現在非常流行全球性的整合，不管是美國主導的TPP、中國主導的RCEP，都是區域整合的概念，「一帶一路」、「互聯互通」也是整合的

概念，APEC、東盟十加一（東盟加中國），十加三（東盟加中國、日本、韓國）、十加六（東盟加前者再加上印度、澳洲、紐西蘭）等等，你會發現，整個世界大的國家，也都在做整合的工作，像現在最流行的主題是「反恐」，大家是各行其事，浪費很多資源，最新消息有俄羅斯的戰機被恐怖組織擊落，彼此將來勢必對峙，如果國與國的衝突、災難不做整合，如果公司與公司不做整合，就是浪費資源，無法創造更大的效益。所以整合最大的概念之一，就是富樂博士所說的：「未來的人類，全世界應該共享能源，而不是各自爭奪。」如果能源問題無法共同解決，就像在巴黎進行的會談，有一百一十個國家會參與這個會議，（所以才有恐怖攻擊巴黎的事件發生）全球氣候組織會議，全球的氣候問題，必須整合國際間的資源，共同解決問題。競爭總是與合作並存，越是競爭激烈，越需要相互的合作，合作是人類未來前進的必然方向。

整合的內涵，就是你有的東西是別人也需要的，而別人有的東西也是你自己需要的，這兩種關係互為需要條件，合併在一起後，才有機會往前走。你要成為整合環境中的一員，就必須具備自己獨有的價值，也就是說，你要能夠成為別人願意「利用」的人。我們這裡所說的「利用」也就是前面所說的含意──你必須有對別人有用的資源，才有機會與其他有價值的人一起創造共同的利潤。

在課程中我經常會講：你要創造自己被利用的價值。因為你擁有的價值中有一部分是別人所需要的，他們才會跟你合作，共同進行一項生意或事業。你擁有的價值越多，你可能獲得的合作機會就越多。例如，一群創業者，各自分別去創業，這樣會很辛苦，若是將想要創業的人集中在一個地方（育成中心），其中有要做互聯網的東西、有做傳統產業的，這兩者就可合作，可以相互盤整、利用各自的資源，創造更大的效益，因此讓

彼此有更大的發展。

所以,任何人都應該以整合的角度思考,當然,你應該提供別人需要卻沒有的東西,我們在「Money & You」的課程中,學生們初次見面都會問三句話(問題):「請問你是誰?從事什麼行業?所從事行業的核心價值是什麼?」

「請問你是誰?」這是禮貌地請教對方的名字、認識對方的開始;問對方從事哪種行業,如果同行便可相助,異行就能整合、互補,由於時間有限,當然要把握住這樣的好機會,去知道對方從事哪種事業,是否可以「同行相助、異行互補」,接著要問對方:「請問你所從事的事業,在發展過程至今,成功最關鍵、最重要的核心價值是什麼?」因為在你的領域有五年、十年的經驗,若是能以一句話說明成功關鍵要素,等於讓我們可以在最短的時間內,獲得別人五年、十年的經驗精華。接著要問:「在你行業裡,未來的趨勢會是什麼?」從這問題裡,你可以知道這領域的過去和未來是什麼,是否有合作的可能性呢,過去有哪些既有資源可以再創造,即是資源重生,當你和別人整合的時候,並不一定只會利用到別人未來的部分,如果可以再次利用、活化別人既有資源,那未來的發展將會是不得了的景象。

第三個問題是問:「請問你需要什麼協助?我可以如何協助你?」我們可以幫助越多人時,自己的成就感也就越大,我可以幫助的人越多,未來可以幫助我的人也會越多,這是相對的。

合作建立在互信的基礎上

以上這些問題,是鼓勵大家可以合作,若要做整合,必須存在著信任,沒有信任就無法進行整合的工作,所以信任是人格最大的資產,因

此，企業從創業的第一天開始，就必須把信用放在第一位，你會發現，成功的關鍵終究還是在信用，沒有信用，就沒有一切；有了信用，別人才會信任你，才會願意與你整合，共同合作。

合作有三個關鍵要素：一、看到明確的未來，如果沒有看到明確的未來，至少我們要知道合作後，未來有多少機會？可以占有多少市場份額等等評估之後，再決定是否有合作的可能性。二、頻繁的溝通，任何的合作都會有頻繁、持續的溝通，當相對利益越大時，溝通的頻率要越高才對。第三、適當的憤怒，任何的合作發生問題了，有了挑戰，你要有適當的憤怒，如果沒有適當的憤怒，對方不會知道自己已經踩到你的底線，不會知道這不是你所要的。以上所談的，都是基本的概念。

信任是有趣的東西。你的資產有哪些？你能信任別人，別人也信任你，這就是你的資產。什麼是你的負債呢？不信任人或是不被信任，就是你的負債。你一輩子都在努力，資產除以負債要大於一，大於百，大於千，越大越好。當你要和別人談合作的時候，有信任，就能協議、就能合作；有些人只是信任一個人，卻沒有簽訂任何協議，最後帶給自己很大的麻煩，沒有契約、沒有合同，這是最嚴肅的事情，只因為你信任別人，而沒有準備一份合約，這是很危險的。我常講說：「有白紙黑字都不一定會承認了，更何況沒有白紙黑字呢？」這是相對的事情。有白紙黑字就一定可以合作嗎？當然不一定。沒有白紙黑字的合約，千萬別貿然去做，而有白紙黑字的合約，更要看清楚內容後，再決定是不是要去做，為的就是怕別人利用你對他的信任。

以前的合約往來做法，就是把文版改良，現在不再這樣做了，而是以電子郵件（Email）、微信的往來，作為憑證，如果修改了部分內容，回覆對方之後，再傳回修正過的版本時，很多人可能就不會從頭到尾重新再

看過一遍，只會看已修正的部分，萬一你沒看的部分，也被對方修改了，而你卻不知道，所以說：沒有白紙黑字，不要貿然去做，有了白紙黑字，更要仔細看清內容後再去做。有時候，你會遇到別人利用你的信任，這是很危險的，所以，親兄弟也要明算帳，這本帳若不算清楚，就沒有了明確的規範，這本帳終將讓你們連兄弟都做不成，那就更委屈了。

47 協助別人創業，投資別人企業

　　創業者不可能一輩子都在創業，有很多的企業家到了某個階段之後，就會投入投資的工作，開始投資別人，而創業者投資創業者是最好的，因為創業者自己經歷過創業過程中會遇到的問題，比較能夠體會創業者的心情，像是資金周轉不來的痛苦、人員流失的遺憾等等，創業者投資別的創業者，也像是一種社會責任的傳遞，而另外相對的，你的投資有各種不同的領域，利用你的智慧投資別人，幫助別人，減少彎道，避免一些錯誤，降低別人出錯的機會，這就是一個很大的價值所在。

　　在你經費有限的條件下，這筆錢投放在自己的企業裡就只能有百分比的成長，但投資到別的企業，其所能獲利的數字是成倍數的回報，因為你投資的是青創企業，從小規模做到大規模時，就是倍數的成長。若只是單純經營自己的企業，容易遇到瓶頸，企業的營收就只能有百分比的成長，就像很多城市發展過程一樣，剛開始GDP有百分之十幾，很大的成長，發展到了一定的階段時，他們的GDP值就開始降低成長，只有百分之幾、成個位數的成長。

　　阿里巴巴當年1元的原始股，現在變成161422元！2014年9月21日，阿里巴巴上市不僅造就了馬雲這個華人首富，還造就了幾十位億萬富翁、上千位千萬富翁、上萬名百萬富翁。騰訊當年1元的原始股，現在價值14400元！2004年6月16日，騰訊上市，造就了五位億萬富翁、七位千萬富翁和幾百位百萬富翁。所以，只有投資自己，所得到的回報是百分比，投資別人，所得到的回報是呈倍數發展。我們不僅要利用自己的智慧、知

識去投資別人，同時也要利用你的資金，去投資別人。

再來談人脈，利用自己的人脈、資金、經驗，創造未來。印尼的首富李文正先生（今年86歲）曾說：「在他年輕時，沒有足夠的信用，借不到錢，所以他就找一位比自己有信用的人來替自己背書，也就是說，找一匹有信用的馬，騎在這匹馬上，立刻就變得馬上有信用了。」如果你的公司規模到達某個階段，這匹馬的信用不夠力時，又該如何處理？就再找另一匹馬，然後再騎上去。但是要給原來的馬很好的待遇，給予足夠的糧草、照顧牠的晚年，讓牠能夠好好退休。我問：「那您現在呢？」他說：「我現在是別人的那匹馬。」伯樂與千里馬的關係，創業者有時是在看千里馬，伯樂看到千里馬，這匹千里馬就可以發揮了，剛開始，你可能是騎在伯樂上面，你比我厲害、有信用，我就請你幫助我，等到有一天，你有成就了，就應該幫助別人，投資別人的企業。

有個最新的數字報導，中國有所謂的BAT：B是百度，A是阿里巴巴，T是騰訊，這三家投資的網路公司，占有中國大陸物聯網市場的大半江山。他們所投資的產業，都是與他們產品有相關的企業，從這裡可以看到一重點，當你要投資別的企業時，可以優先從你企業的上下游產業來思考，串連起整個產業鏈的合作，價值的提升，這是最好的投資選擇。另一觀點是，青創產業是新孵化的，可能是新的項目，可以避免你可能所看錯的對象，在未來成為你的競爭對手的情況。有個玩笑是說：當Facebook剛出來的時候，Yahoo看不起它，現在Facebook發展得比Yahoo還大。你失去了一個最好的機會，失去了一個收穫它最佳的時機，就像Facebook以10億美元的價格收購圖片社群Instagram，成為自己價值的一部分。有時候，你以為在此時，你們是不相關的領域，但是一名有遠見的企業家，是會看到它未來的價值、未來的可能性，懂得把握住方向，就可以在未來

多一個朋友，少一個敵人。

美國的高通公司，專門於研發，像手機晶片等相關的研發，他們幾乎把所有的大大小小的研發公司，全部買下，並與上下游產業整合，成為合作的夥伴關係，這樣可以避免現在不起眼小公司，未來會成為自己的敵手。

洛可可設計公司有個「洛客平台」，讓每個人都能分享、參與他們的想法，而成為共同開發者之一，最後共同開發者可以共享這項新設計品的利益。所以，開放平台，創造平台，共享平台，是任何一位創業者要去努力的方向。

由於我們的培訓課程有接觸到老闆級的學員，所以從2010年起，我們實踐家教育集團開始投資學生的企業，而所投資的方向，可分成六大領域（產業）來投資：一、教育產業，二、健康產業，三、食物產業，四、娛樂產業，五、能源產業，六、遮蔽產業。一共投資了118家的企業，在投資的過程中，我們會把同一領域內的公司，重新整合相關資源，只要營業額達一定標準，就讓它們合併上市，你所投入的企業的好處是，自己有部分產品是與別的企業產品相依存的關係，也有是可以獨立發展的部分，透過整合，可以合併它，也可以你被合併，比它原本單打獨鬥時所得到的效益、價值更高。

商業計畫書，是你
創業的藍圖

~為自己的創業制訂發展的藍圖

48 商業計畫書是經營事業的地圖

　　商業計畫書（Business Plan）在整個創業過程中，是最重要的部分。大約有百分之九十的創業者在他們的創業過程中是沒有寫過商業計畫書的，他們都是只憑著感覺就去創業了，而這樣的創業方式是相當危險的，如果你沒有擬好商業計畫書，別人又如何知道你的事業方向、創業進度而想投資你呢？而寫好商業計畫書代表著兩件事，因為你寫了白紙黑字，代表：一、你願意負責任，二、你想明白了，如果你沒有做到這樣，表示你想要做的事業還是不夠明確，你還不願意負責任，而一個負責任的方案可以得到更多人認同。

　　為什麼這樣說呢？企業的負責人，如果沒有一份商業計畫書，你將面臨很大的挑戰，因為你的員工不知道要如何跟你走，走的方向是否正確，如果迷路了，你要如何帶領員工呢？大家都知道「愛麗絲夢遊仙境」的故事，愛麗絲迷路了，於是問兔子：「兔子，我現在在哪裡？」兔子問愛麗絲：「請問你要去哪裡？」愛麗絲回答：我也不知道我要去哪裡」，兔子說：如果你不知道你要去哪裡，那麼你現在在哪裡，一點都不重要。你沒有目標，相對地就是沒有方向，所以你現在在哪裡，一點都不重要。

　　華人創業有一個較大的問題在於，總是覺得自己手上有多少資源只能決定做多少事，一開始就自我設限。而西方人的想法是，先設定一目標，然後用足夠的計畫，一步步地走到目的地。因此，寫商業計畫書就是把你的地圖準備好。今天你想去韓國、日本遊旅，即使不曾去過這些國家，你也不會太擔心，因為你有一份地圖。只要你知道你要去的地方，在地圖上

標示出來，即使不搭地鐵，用走路方式也能到達目的地，因為你有地圖。所以，商業計畫書是你經營事業的地圖，這個地圖如果有不明確的地方，就無法到達你要去的地方。

如果是已經有事業在運作了，有了這份商業計畫書，員工會知道老闆要走去哪裡，他們要跟到哪裡，所以商業計畫書更重要，因為你沒有過去經驗、資歷可以參考。沒有商業計畫書、沒有事業藍圖的企業，只憑藉感覺經營，是無法令人相信你、信賴你的，你無法告訴大家你的目標在哪裡。所以要列出完整的商業計畫，一個步驟、一個步驟地告訴大家，你要帶領大家往哪裡去，這是一個非常核心、重要的部分，是商業計畫的基本功能。

S.M.A.R.T法則

寫商業計畫書和設定目標一樣，有五個基本原則：「S.M.A.R.T」法則——

- 「S」（Specific）明確的，設定目標是清晰的，三年內、五年內到達哪種目標，非常明確的。
- 「M」（Measurable）可以衡量的，有具體數字的，要能預測公司第一年有多少收入，可以配置多少設備，第二年有多少收入，可以設立多少據點，會有一個數量化的東西出來。
- 「A」（Attainable）可達成、可實現的目標。
- 「R」（Reasonable）合理的，設定一個合理的目標，不要超過合理範圍太遠。
- 「T」（Time）時間，你是可以有時間限制的，知道多久的時間可以完成目標。

　　採用以上這五個基本原則去設定你的商業計畫書，就會具體可行。

　　做一份完整的商業計畫書有一套流程，有各種不同的範本（模版），各種不同形式的走法，我們「DBS創業學院」課程採用了一套比較簡單，並且有可能描述的基本版本，本書書後即附上DBS的商業計畫書。我在下一個單元將一個步驟、一個步驟地教你寫出完整又具體的計畫，然後創業者就可以再透過「路演」去吸引投資人投資，並有效的執行。

　　一切的開始，都是需要一份商業計畫書，我們真誠地鼓勵年輕人勇敢、努力創業，如果已經有企業的人，針對現有的企業作分析，沒有企業的，針對未來做投資分析評估，一個是有過去經驗的基礎，沒有創業經驗的人，更要積極努力去做，你的想法就要更明確，你的計畫更需要明確描述可行性，而不是讓投資者覺得你在做白日夢。

49 撰寫商業計畫書Step by Step

一份好的商業計畫書應符合下列三項功能

1. 協助創業者認清策略方向及經營型態。

2. 提供公司未來成長的藍圖。

3. 協助公司資金募集的需求。

我們在「DBS創業學院」課程裡有一份簡要的商業計畫書，就是本書書後所附的商業計畫書手冊。包含了十個單元，有戰略定位、商業模式、市場的規模、有哪些自主創新、企業成長發展戰略、管理團隊、競爭的格局、市場營銷、投融計畫，以及財務預測。當創業者在與天使基金、VC風投洽談的時候，可以先提供這份簡要的商業計畫書。有了這份計畫書，假如天使基金、風險基金對你的計畫有興趣，想要進一步了解你的計畫時，就可以再補上一份更完備的版本。以下針對這十個單元的撰寫方向、重點及主訴求，逐一詳述說明：

第一單元，戰略定位

你有哪些優勢、與別人的差異點在哪裡，為什麼能做得比別人好，最好可以用一句話來描寫公司的業務。首先，公司的願景是什麼？公司未來要走到哪裡去？譬如，我們實踐家的願景是「把世界帶進中國，讓中國領航全世界」，我們的作為是什麼？把世界最好的教育系統引進中國大陸，再讓中華民族最好的教育系統可以分享到世界各地，具體的做法是「上市」，透過教育系統來完成。

你在描寫公司願景的時候，看起來越是與直接利益無關，看起來越是與社會價值有關，對你的幫助相對越大。馬雲描述阿里巴巴的願景是：「讓世界沒有難做的生意，為中小企業代言，讓小企業也能在平台上獲得價值。」在這個願景裡，看起來沒有馬雲自己，看起來沒有阿里巴巴，只要你幫助到足夠多的人，讓最多的人沒有難做的生意，彼此付出，就能在這平台上創造出最大的價值。

以公司的願景來說，「讓馬來西亞成為全球背包客能自助旅行的王國」，這個願景就與國家、社會價值有關聯，而不是把它擺在上面而已，所以你的戰略、公司的願景要把大家帶往哪裡去，你為什麼有能力、你的優勢在哪裡，可以做出與別人有很大差異化，後面再簡單地描述，這是有關公司戰略定位的部分。

達美樂披薩與別人不同的地方是：只做外賣，不提供座位讓客人在店內食用披薩，讓自己成為「全台最快的外賣披薩」，讓大家想吃外賣披薩時，就會想到達美樂，它的價值核心就會出現。

公司的願景是把大家帶到哪裡去，你的團隊最後會做出什麼樣貌，這個樣貌就是公司的願景，而你用什麼方法做到願景，這就是戰略。

第二單元，商業模式

首先要問：「你是為誰而做？」、「做什麼的？」以及「你要怎麼做？」

「你是為誰而做？」是指你的客戶是誰？「做什麼的？」是指你的主要產品是什麼？「你要怎麼做？」是指你提供了什麼樣的解決方案。所以要描述你的主要客戶是誰，你的主要產品是什麼，以及你會如何完成這個工作。

例如，我們是以為年齡在零至二十歲的對象的菁英教育事業，我們是提供青少年最好的素質教育，我們的解決方案是在小學門口設立託管中心，在幼兒園設立幼小銜接教育系統，在初中、高中提供高校閱讀，在大學提供創業孵化器，在孩子不同的階段，給予不同的訓練，讓他們成為未來的菁英領袖為目標。

在商業模式裡，你要描述清楚幾個問題：你的公司是在何時創立的？你的註冊資金是多少？你的投資者有誰？佔公司股權的比例有多少？這家公司有哪些下屬機構？

第三單元，市場規模

所謂的市場規模，是指你看到的市場是什麼？你進入到這個市場看到怎樣的機會？這行業未來最重要的、大的趨勢在哪裡？要以最大的視野來構想你公司的未來。

你在大趨勢裡，要了解、要去搜集資料，運用數據去分析，像是在Google裡有一個訂閱服務，當你要訂閱有關財經方面的訊息時，只要你輸入「財經」，留下你的email，Google就會自動將世界各地有關財經的資料，送到你的電子信箱裡，你就可以很輕鬆地取得資料，這是非常方便的。

你想要做什麼事業，一定要把相關的政策、趨勢想明白。盡量吸取最新的消息，不要閉門造車，因為很有可能你想做的事業，或許別人早已經做過了，也或者你用了很高的資金成本去做了別人已經在做的事業，甚至別人已經把市場都吃掉了，而你此時再進入這行業很顯然是已經沒有了市場機會了。

所以你看的趨勢要具備國際觀，要去了解整個國家的政策是什麼，有

哪些扶植政策？你想做的這個行業的前瞻性如何，行業未來的發展性如何，這些問題都需要去做分析、評估，因為如果國際都是朝這個趨勢走，國家的政策也支持你，那麼你的市場是具有發展的潛質。

再來是對於需求的預測。在你所在的公司或是市場裡，將過去二年所成長的數據，以及未來三年的行業成長的情況會如何的預估值，必須清清楚楚、明明白白地展現出來，對於投資者來說，當他看到你過去都不賺錢的數字，而你現在說你在未來會賺錢、有盈收，他們是很難相信也會有所猶豫的。但是，如果讓投資者知道你過去不賺錢的原因是你把投資放在一個豐富的背景上，整個市場價值的體現、內容的準備，那這個情況還是可以被接受的，所以你要清楚知道你不賺錢的原因是什麼，而目前不賺錢的情形，在未來還是可以變現的，可以變成更多資金。萬一你預估未來三年還是不賺錢，但是投資人還是要投資你，就表示這個行業有受到政府的產業保護。

我們有投資一家新藥的研發公司，台灣法律新的規定是，任何新藥，只要能拿到可以做人體實驗的證明，製藥許可證，這家公司的股票可以直接上市，任何藥研發出來，從世界各地取得的收入是非常巨大的一筆。所以說，這家研發公司目前還沒賺錢，但是我們知道它未來一定可以賺錢，一定可以上市，這就是投資。

此外，市場需求驅動的因素也要清楚詳述出來。為什麼你的產品需求量會上升？為何外界對你這個行業的人員的需求量會上升？憑什麼你的行業會成長？所以，你要向投資人講清楚「憑什麼要投資你」，你分析過什麼？你做過什麼？這是很重要的。有部電影叫《人在囧途之泰囧》的導演徐崢，今年準備拍《港囧》電影，在微信開賣幾天，就有十億人民幣的營收了，還沒開拍就有人投資他，那是因為徐崢過去的記錄帶給投資人信

心，也知道這故事體材好笑，是之前的好口碑才讓人會相信他，願意投資他拍電影。

💡 第四個單元，自主創新（亮點）

有分幾大類：商業模式有創新概念嗎？產品服務有何創新嗎？研發方面有何創新嗎？有技術創新、研發產權？還是你有何專利呢？這是在描寫你的計畫亮點時候，所要說明的幾個問題要點。和你同行的人非常多，和你同一領域的創業人非常多，別人都已經做得很好了，那麼，投資者又如何能知道你和別人有何不同呢？

1. 商業模式創新

早期我們蒐集資訊是需要付費的，像是找情報公司、找個徵信社，最後再告訴你答案。後來，他們不收費了，他們提供服務幫你找到你要的資訊，並要求給予股權作為這次服務的報酬，他們把現金收費改為股權提供，這家公司商業模式就是一種創新，這樣的收入就不是來自業務的營收，而是來自公司股權的參與，提供相應的能力，這也是一種改變。

所以你可以思考你的商業模式有什麼可以創新的，例如，以前是要自己買自行車，現在因U-bike據點變多了，而且又與悠遊卡公司連線，讓每位台北市民只要拿著悠遊卡都能輕鬆租借腳踏車。

你有沒有與別人不同的商業創新？我們的實踐菁創學院，要開幼兒園，我們免費提供幼兒園教育系統，這是我們在商業模式上的改變，這並不是為了要收幼兒園多少的加盟費，而是為了取得幼兒園家長的資訊，因為幼兒園用了我們的教育系統，可以把家長們集合起來，我們可以減少開發顧客的成本，直接就能和家長對話，這也是一種商業模式的改變。

可口可樂公司，早期每一瓶可樂都是在美國生產製造，後來可口可樂

公司改變了做法，因為喝碳酸飲料的人越來越少，所以轉而改生產較多人會喝的茶、水的飲料。早期可口可樂公司只賺兩種錢，一種是品牌授權費，在二次大戰時期，美國總統要求可口可樂公司應該為戰地前方戰士提供可口可樂，如果是在美國生產後，再運到戰地，可能戰爭已經結束了，所以，他們開始以特許經營授權模式，把可口可樂的濃縮液送到各地，把品牌授權給當地的合作工廠，只要支付可口可樂公司濃縮液的費用就可以在當地生產裝瓶，所以有很多地方就都有了可口可樂分公司。後來，由於大家開始重視健康，越來越少人喝碳酸飲料，原本是與當地的裝瓶廠合作，現在回過頭來開始與裝瓶廠商談判，投資裝瓶廠商，或者控股裝瓶廠，因為裝瓶廠不僅僅只裝可口可樂的飲料，還有接受別的飲料公司的訂單，這樣一來，可口可樂便賺到另一種收入，可口可樂現在是裝瓶廠的股東，所以裝瓶廠幫其他家公司的飲料裝瓶所獲得的利潤，可口可樂公司也能分享到利益。再者，裝瓶公司裝好飲料後，再配送到各地的飲料自動販賣機，所以他們也會知道哪家飲料賣得好，而可口可樂公司也可以投資其他廠牌的飲料公司或是合作，透過合作的模式，又可以賺到與自家公司不同飲料銷售的利潤。

2. 產品／服務創新

再來是產品／服務的創新。你有新的產品嗎？新的產品有何創新、創意點子嗎？這產品很棒嗎？是爆款型的產品嗎？新研發的產品是擁有很大需求量的產品嗎？所以你要去描寫產品可以帶來什麼價值與收穫，所以產品要有創新概念。

服務要創新。在這個時代裡，不一定要生產產品才可以創業，你可以整合多元服務，讓人看到你的價值與效益。我有個朋友在開發App，他把在重慶的所有KTV店家的資料集合在這個App裡，通常KTV的生意只在

週末假日才好，平常日的白天的生意就比較冷清，只有晚上的生意比較好，也就是說平日白天對KTV業者來說就浪費掉了，而平日的白天誰最有空閒？於是他就媒合這兩方的需求，老人家白天沒事想去KTV娛樂，只要按下這App，它就會顯示哪一家KTV的哪個包廂有空，老人家就可以揪團去唱KTV，而且是免費的，這是一個服務的創新。因為KTV店家需要人氣，所以提供老人家免費唱歌，但是吃吃喝喝還是要收費。然後他們接著再與銀髮族相關產品產業合作，透過電視介紹適合老人的產品，所以，在KTV唱歌不收費，可是當老人家有因為看電視介紹而購買任何產品時，KTV業者就能從廠商那裡獲得賣產品的紅利。

3. 研發的創新

你的研發品有技術創新、研發產權？還是你有什麼專利呢？

我們投資一家「蓋德科技公司」，創辦人許賓鄉先生，他是IBM系統出來的，在科技研發方面非常用心、深入和投入，這家公司做了一種健康智慧手錶，血糖、血壓等健康指數經藍芽傳輸到智慧手錶，同時傳送給綁定 App，當年長者一人在家測血壓、血糖等健康指數時，資訊會自動傳回智慧手錶，同時傳給綁定的手機電話／App；而此時另一端的 App 使用者就可以看到家中老人的健康指數。它可以量血壓、心跳，可以自動設定衛星定位、跌倒偵測，透過這個健康智慧手錶搜集了很多有關老人健康的大數據，可以為老人家帶來衣、食、助、行、娛樂等等的服務，而這些服務也不需要蓋德公司自己做，而是透過這些衣、食、助、行、娛樂等公司來提供這方面的服務，所以這也符合了「自己做的叫營業額，平台分的是淨利潤」這句話，這是一個蠻有意思的投資方向。在專利方面，這家公司擁有美國穿戴式健康管理裝置的專利，當你有這個專利，就可以和很多公司進行合作，別人需要這項技術，就需要你的專利，光是收專利費用

就不得了了，所以可以說專利是這家公司最強大的獲利品。

　　說到專利，最讓我驚訝的是美國的「高通公司（Qualcomm，NASDAQ：QCOM）」，現在全世界的手機都與高通公司有關，我們所使用的手機裡，一定有幾項東西是高通公司的專利技術，要使用這個技術，一定要付費。我曾經去參訪高通公司在美國加州聖地牙哥的總部，看到他們有一面寬度約50～60m、長度約兩層樓高的大牆，上面貼滿了A4影印的各種專利證書，每一張都是專利，如果你能投資這樣高科技研發的公司時，真是不錯的。

 ## 第五單元，成長戰略

　　所謂成長戰略，這個部分主要要說明為什麼你的計畫可持續發展，在這個部分，要描述你的企業在過去三年，營業額是分別如何，擁有多少客戶？在哪些城市、地方是你企業可以去發展的？以及過去三年你的企業在各項發展的數據變化如何？員工增加多少？有多少加盟店？營利有哪些變化？營業額增加了，利潤是否也有隨之增加？也就是把各項的發展情況，非常清楚地描述說明。

　　例如，過去三年，你做了多少準備？研發投入多少經費？預估未來可以得到什麼樣的發展？投入人員的培訓有多少經費？建立了什麼樣的團隊，才能達到今天的成果；也就是說，你要清楚地表達過去三年你做了哪些事情而能成為現在的樣貌，而不是描述一個現象，多少年如何，有多少人如何，這些問題不足以說服投資者，重點在於：因為過去三年，你做了哪些正確的事情，才能有現在的成果，如果在未來幾年，我的企業還能做對哪些事情，並且能繼續成長，這些更可以加以說明，有助於投資者對於你企業的了解。

　　接著你要說明未來六個月、十二個月內，企業發展的戰略是什麼，未來三年的成長路徑是什麼，預測成長的數據是多少、策略是什麼……等等。例如，在未來的六個月、十二個月內會研發哪些新產品，會做哪些推廣計畫方案，我要用什麼方法建立銷售系統，透過微信、掃碼營銷嗎？或是透過說明會？轉介紹？還是電視廣告媒體等等，做多少銷售？面對未來產品的發展，預計發表哪些新產品？多久要發表？例如，現在對外發表三個月要上市，預估新產品的上市會帶來新的成長。有很多的企業都會面臨的問題是，舊的業務，客戶都已經買過了，甚至有其他的選擇，所以要針對原有客戶發表新業務（產品），或者針對新顧客推廣舊業務，沒有買過的就是新顧客，也就是說，對於既有產品而言，舊有客戶不曾買過的，也算是新顧客，在產品的更迭發展上的策略是什麼？對於新、舊客戶要如何個別處理？有何策略聯盟方式可以幫助我們成長？

　　在我們所投資的企業裡面，有家叫「ask123」，主要是從事生命密碼的推廣、教育培訓，另一家公司「海彙企管」專門做NLP的培訓，這兩家公司，若只是依賴本身業務，是無法直接上市的，現在這兩家合作，再加上美國投資旅遊公司的營業額，連合併在一起，將在2016年初在NASDQ股票市場上市，在合作上，要如何將業務分工？各自做哪些事情，不要有重複性的業務，而是要具有互補性的，所以在策略聯盟上，要做哪些策略，來幫助雙方在業績上有所成長，在客服方面，計畫要做哪些事會讓顧客能有受惠、舒服的感受，做出最好的服務方案，讓未來六個月的業績能夠成長。例如，讓每一個顧客成為銷售人員，像是「互為代理」的概念，這是一種方法、策略。

　　未來三年成長的預測數值是什麼？像是，未來第一年，我的業務成長一千萬，第二年成長一千二百萬，再成長 20%，第三年成長一千四百

萬，再成長20%，有個明確的數字的成長呈現，接著，要描述清楚你的策略是什麼，也就是預計要做哪些方案計畫可以幫助你達成目標值，這些內容、資料對於投資者而言，是非常重要的評估參考資料。投資人會看你過去三年的績效是成長，或者是退步，然後再評估你未來三年的發展的可能性，進而投資你企業是否划算、可行。

第六單元，工作團隊

接著是描述你的工作團隊。團隊分成兩個部分，一是你的核心創始人、高層管理人是誰？組合人員有哪些？職務是董事長、總裁，簡單描述創始人的背景經驗，與現在事業有何關聯性，每個人都有上百種經歷，可是這些經歷不一定與現在的職務是有關的，所以在描述創辦人的資歷時，要聚焦在他過去經驗裡與現在這家公司業務最有關聯的部分。例如，我在「實踐菁英」的投資案裡，不會說我是教商業模式的，那是針對成人教育的經驗，是無效的，而是要描述我的經歷裡與青少年有關的事，像是，在十五歲時參加救國團活動，深刻體會到校外教學的重要性，是可愛又多元，進入大學時遇到資源工作者，十八歲時，開始了救國團啦啦隊系統，參與過各式各樣的服務，到社團參與兒童活動營，後來在基金會工作，學習如何帶小朋友活動，一路走過來，做了很多青少年活動，只要描寫這些與青少年相關的經驗即可。所以，要描述你的團隊：總裁、董事長、執行長、財務長等等重要核心成員，他們的種種資歷都與現在事業有相關的部分，特別是財務長，要讓投資人了解，不要讓投資人會有投資規劃血本無歸的疑慮，因此，建立一個能力完整而堅強的團隊，能讓你的企業在進行融資時候，取得更多的資金。當你的工作團隊資歷夠堅強時，可以讓投資人感受到你的團隊個個都是有來頭，行業裡的菁英、尖兵，更有信賴感，

一方面你的創始人的資歷要清楚、完整，顧問團隊的資歷也要清晰、可靠。

接下來是員工的部分。投資人會關注你旗下員工的穩定性以及專業度，如果你公司成立有五年、十年，而員工多數是年資半年不到的資淺員工，表示公司裡的管理一定有問題，投資人怎麼敢投資你呢？所以，員工的資歷、專業度、向心力、忠誠度等等，也會影響投資人的評估，這個部分很重要。如果高層管理人資歷很好，但是你的員工、團隊不夠好、不夠強，投資人還是不敢投資你，因為一旦有問題時，團隊是無法處理解決問題，但團隊如果夠強，一定有能力處理、解決，整個公司的運作、系統還是可以維持。

第七單元，競爭的格局

首先要建立你公司的「SWOT分析」。 SWOT四個英文字母分別代表：優勢（Strength）、劣勢（Weakness）、機會（Opportunity）、威脅（Threat）。

「優勢」（S），要清楚描寫你公司的優勢在哪裡，以下將舉「KT足球」為例來說明「SWOT分析」。

「KT足球」是由前中國女足國腳LEO劉力豪創建的一種最新潮的足球玩法，為改良式足球運動，全名為KICKTEMPO-FOOTBALL，簡稱KT。選手在充氣式足球場裡進行三分鐘的一對一比賽，選手的積分和錄影可即時上傳網路，與世界各國KT球友交流，讓足球富有趣味性也更平易近人。通過線下比賽、線上互動，創造了一種自由時尚的運動方式。「KT足球」的優勢之一是創辦人是中國國家女子足球隊國手，深深熱愛足球運動，因受傷而不得不離開球隊。她有一個夢，她想要讓中國有五千

萬人都能喜愛足球，往這方向努力，年輕、對運動有很大的熱情，已經成為中國的一對一的足球競賽市場，這是她的優勢。

「KT足球」可移動的充氣式足球場，成功解決了傳統足球場占地大，不安全，長期佔用土地資源，使用效率低，維護難度大等問題，具有無限制，成本低，安全，方便攜帶等特點。充氣球場的面積38平方公尺。它打破傳統足球場的限制，使用者可以充分利用學習或工作的碎片時間，隨時隨地享受足球運動的快樂。這也是它的優勢之一。

「劣勢」（W），你要清楚知道自己的弱勢、缺點在哪兒，是加盟商還不夠多，是否過度依賴政府採購，萬一政府不採購時，要如何因應。

「機會」（O），機會在哪裡？中國國家主席習近平先生本身就熱愛足球，習近平邀請國家副主席擔任足球運動小組召集人，而運動產業是中國大陸近年來競相推動的產業之一，中國也希望能成為世界級的體育大國，因為中國在個人式運動項目較為厲害，像是跳水冠軍、兵乓球冠軍，而團隊式的運動則較弱，只有女排球賽曾經贏得冠軍外，其餘項目都不出色，特別是足球賽，更是中國永遠的痛，足球迷很多，但足球隊卻不爭氣，也因為不爭氣，又愛又恨，所以就是個機會，會有更多投資人看好這個機會。

「威脅」（T），你的競爭對手是誰？你的競爭對手有很高的知名度，像是台灣的中華電視台的體育主播也在從事這方面的事業，他有更多的投資、更高的融資等等的吸金能力，所以，這就是KT足球會面對的威脅，面對這樣的威脅，你要有怎樣的對策，如引進國外資金、比競爭者早投入這市場，擁有較厚實的基礎……等等。如果光只是指出自己的威脅是不夠的，你還要再說明面對這樣的威脅，你的因應對策是什麼。所以，競爭格局首先要做的就是「SWOT分析」。

再來是針對所有主要競爭者的分析。他們是誰？他們的成立時間有多久？他們的特長、主要營業項目、受歡迎的項目是什麼？過去的營業額是多少？他們的特殊市場戰略是什麼？這些特別戰略帶動市場有什麼樣的波動？每項問題都要說明分析得很清楚，知己知彼，方能百戰不敗。

第八單元，市場行銷

打算如何做行銷，主要營業項目想要做什麼？產品的定價、打算透過哪些渠（管）道來推廣出去？例如，新產品要上市、推出市場時，會在各大連鎖超商上架出售，馬上可以有五、六千家店的通路支持；再者，你的推廣方式如何？邀請大明星做代言人、舉辦多場說明會、透過經銷商代理等等這些都是推廣方式，說明你的產品為何與眾不同，為何特別好，為何同業競爭者做不到這樣的產品？你的定價為何最適切？這定價是針對哪一類的消費族群，而且一定被接受，有些東西賣得再貴都不怕賣不出去，因為他們明確知道消費族群是金字塔的最頂端的人。但有些東西賣得非常便宜，仍然會害怕賣不出去，因為他們的消費族群是金字塔最底端的人（低經濟收入者）。

第九，投資、融資計畫

首先是融資的目標，很多企業在早期融資時期找過很多人，種子基金，後來引進天使基金，再來是風險投資（VC），最後是股權投資（PE，上市前的投資方式），還可能是第一輪融資、第二輪融資，每次融資進來的資金都不一樣，每融資一次，所取得的資金就越大，但所佔股權數就越少了，所以，這份商業計畫，你的融資是處在哪種階段，這次融資目標是多少錢？打算讓出多少股份？

　　第二，是上市計畫。打算何時讓股票上市？這件事情很重要，一般而言，公司若是沒有股票上市，公司的市營率就無法呈倍數成長，台灣的股市有20倍、香港有25倍左右，中國有40倍以上，新加坡是8～15倍、馬來西亞是6～10倍，NASDQ有20倍以上，更好的有上百倍，投資者講求的就是投資報酬率是以倍數計算，所以，有沒有打算上市？在哪個市場上市？何時上市？每個市場的投資報酬率都不同，投資者也會評估你的可能性，上市時，可以取回多少的資金等等，都要交代清楚。

　　第三，資金會投向哪裡？這裡要說明你這次所取得資金，將要投入在哪裡，用途是什麼？為何要投入？做這件事，可以為投資人帶來哪些好處，讓這筆資金的投入是正確的。例如，這筆資金要投入研究發展，讓產品可以升級、換代，產品升級後，會帶來什麼樣的市場與利潤。又例如，這筆錢投入團隊建設，公司裡的成員大多是老臣，較不具前瞻性，沒有公司轉型的相關經驗，所以可能聘雇新成員、或是培訓既有員工等等，能夠清楚說明如何有效利用這筆資金，讓團隊更有能力，或是推廣市場需要費用，請明星代言需要多少資金？要能說明清楚你的推廣計畫。

　　第四，說明取得這筆資金之後，你預計如何回報投資人，否則，前面的計畫說得再好，回報投資人的部分卻不具體，仍然無法打動投資人出資的意願。

第十單元，財務預測

　　針對未來三年公司的收入、支出、利潤等等要具體說清楚，才會知道你有多少淨利潤，利用這淨利潤來評估未來股票上市時的市值會是多少倍數，也就會知道我們每個人手上的股票可以值多少錢。所以，針對未來幾年的財務預測、收入、支出、大項的投資等等會是什麼，都要清楚描述。

　　以上，這是一個基本的商業計畫書應該含括的內容，希望所有有夢想、有想法、有勇氣的創業者都能完成你們自己的商業計畫書，將你們的商業計畫書投遞到我們「實踐家」DBS創業學院，如果有好的計畫項目，有潛力的計畫案，我們願意贊助十萬元獎學金，讓創業者們可以來上「DBS創業課程」，再從創業課程中選出優秀的項目免費讓他們進駐到我們北中南的創業孵化器，讓我們專業的輔導團隊協助他們將創業計畫落實，最後協助他們尋找創投的資金投入。

50 路演，讓大家知道你的好

　　「路演」譯自英文Roadshow，是國際上廣泛採用的證券發行推廣方式，指證券發行商在發行證券前針對投資者的推薦活動，是在投融資雙方充分交流的條件下促進股票成功發行的重要推介、宣傳手段。在這個時代經營企業，「路演」是個很重要的能力，你要把你的東西、計畫、產品去講給別人聽，讓別人能夠看到，瞭解到，如果不做路演，就沒有可以找到人才、資金的機會，有時不只是要找資金才做路演，而是為了取得更多的資源。

不會表達就拿不到資源

　　不善表達的人在工作場合裡真的比較吃虧，這對企業而言也是有些不公平的，有些企業家，做人做事務實、實在，但是卻因口才不好而輸給別人，因此你所看到的企業名人，都是表達能力很好的人，像馬雲。中國的網路巨頭BAT，B是百度，A是阿里巴巴，T是騰訊，這三位名列中國十大首富，有人問這三位，哪一位的能力比較強？以專業能力來說，是百度，馬雲說他什麼都不會，不會用電腦、不懂電腦語言程式，但是誰的口才最好？是馬雲。所以，在財富的排名，馬雲在三者之前，這是很現實的問題，你的東西很好，可是不會表達，這就麻煩了，因為你拿不到你的價值與資源。

　　「講」是耍嘴皮子嗎？不是的。我們在教表達的課程裡，有句說法：「真誠用心地表達生命的感動與學習的分享」，這是上台說話者的第一要

務。真誠、用心是態度；表達是技巧，是可以演練的；而生命的感動與學習的分享是說話的內容。

你說話的態度都是真誠的、用心的，不需要太多肢體語言，顧客是會接收到的。人們要能接受到你的態度是正確的，有些人過度強調肢體語言的重要，但是你看證嚴法師有很多肢體語言嗎？所以你的態度是核心，技巧、語調、音量、語術、肢體語言等等，不用過於在意，只要多多練習，你就可以做到。可是內容要說什麼？如果你是講生意的事情是沒有用的，而是要講生命裡的感動，才是重要的。例如，你是保險從業人員，去跟客戶做簡報，告訴顧客說所有員工都應該做好保險，如果能夠從自己的故事說起，家人、朋友因為沒有保險，造成人生的多大痛苦，因為這些痛點，後來也都買了保險，你所說的都是與生命有關的感動，你也可以說，你從一個什麼都不懂的人到從事保險業務之後，對於保險有更深刻的瞭解……等等，這是你學習的分享，一個是自己的體會，一個是自己學習分享，所以真誠地表達你生命的感動與學習的分享，這是最基本的態度。

路演的重點是要說什麼？

如果你是做商業性、創業的路演，就要看看你路演的目的是什麼？如果目的是為了找資金的，那麼，請你回答以下關鍵的問題，第一，你的商業模式是什麼？你的模式要很能吸引人，因為是靠模式來運作，而不是靠人來運作的。第二，你的團隊是什麼？你要讓別人知道你的團隊是由哪些特性的人所組成，而不是你獨自一人經營的公司，萬一公司出了問題，是不是有可能就垮了？我是跟一個人合作，還是跟一家公司合作？可是如果一個公司等於一個人，如果這個人不在，那公司不就等於不存在了？所以，你的團隊很重要。第三，你的市場發展潛力、商機在哪裡？如果你無

法讓投資者了解他的投資報酬可以五倍、十倍的發展，就無法看到未來了，投資者現在又如何與你談呢？如果你是一個萎縮的產業、不是成長的產業，你是夕陽產業，不是朝陽產業，投資者怎麼敢和你談合作呢？所以，未來的商機、發展如何，是一個很重要的訊息。

除此之外，你要說明你將如何使用這筆資金，有幾個步驟要說明——

1. 為何需要這筆資金？為了公司拓展、研發等等。

2. 你需要多少資金？

3. 我要用什麼方法取得這些錢，例如開放股權，百分之五換取五百萬，跟銀行貸款五百萬，利息約百分之四……等等。

4. 做了這些可以獲得哪些結果，比如，投入這些研發，我的公司可成為業界前三名，我做了這些計畫，團隊能力可以更強大。

5. 這些結果可以換算多少價值、創造多少營業額？比如，增加了三家店面，我的總營收可以增加多少錢？多少利潤？

6. 要說明增加了這些利潤後，要如何分配紅利？如何償還借貸？比如，百分之五的股權，可增加到百分十的股權，公司股票會上市，所以還能增加到三十倍、四十倍……等等，這些都要說明清楚。

現在有太多路演的機會了，你要積極地去爭取路演的機會，老闆、創業者不應該只是坐在辦公室裡面做事的人而已，很多事要讓專業人來做，老闆應該做的事是與更多人的接觸，去融資，也去融智，資是資金，智是智慧，融了資就再去融資源，所以參加路演並不僅僅為了資金而來，還可以是為了其他項目而來，如果所有路演者都是為了資金而來，唯有你不是，這樣一來，你反而更顯眼了，別人就會特別關注到你，比如你是為了資源交換而來，如果讓你不用出錢，你的資源可以成為我的股份，這樣就

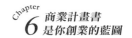

能讓大家為此眼睛一亮。

　　融智，「智」是智慧、是人才。比如我們在尋求一種專利、技術、智慧產權，如果你有，可以提供給我們，我們可以讓你成為公司股東，如果你需要我們的系統，大家可以成為共同合作的策略聯盟，共同創造未來。

　　融才，就是找尋專業人才，有時你在圈子裡找卻找不到的，但是你在台上講的結果，就會找到了你需要的人才。有一次我在東吳大學發表新書的時候，我的蘋果電腦有問題一個多月了，在大陸一直找不到懂蘋果電腦系統的人來解決問題，而我在結束活動時，發出訊息，詢問在場有沒有人可以幫忙解決這問題，果真有二人舉手可以協助解決，在相互自我介紹後，知道他有蘋果電腦發給的合格維修人員認證，另一位雖然不是屬蘋果電腦系統的人，但是他因自修、自我學習而能破解蘋果系統的東西，所以他也能夠做電腦維修，就這樣，五分鐘左右就把問題解決了。人才永遠在你身邊，如果你沒有發出求救訊號，他就不會知道你需要他，所以發出訊號很重要。

不要害怕分享你的想法

　　對於想要創業的人，各種路演都應該去爭取，我們的DBS創業課程會在最後一天安排路演，在路演時候，我們會安排風險投資基金、天使投資，這些擁有資金、資源的人，都在台下聽取學員的路演。然後學員一個個上台說明自己的計畫，這樣的好處是，自己的方案自己摸索、想清楚，那樣可能不周全，但是，你出來做路演時，你會有機會把你的想法說出來，並且得到想法的返饋，你把你商業計畫說出來時，有可能會得到更多資源的協助支持。

　　可是，也有些不出來參與路演的人，他們的心態是覺得自己的想法觀

念、夢想太好了，可以改變這個世界，萬一讓別的有錢的人知道了這個概念、這個構想，萬一別人的資源比我強，他們使用了我的構想，我豈不吃虧了。其實，這世界是沒有秘密的；我媽媽到餐廳吃過飯以後，她可以回到家再做出一模一樣的一道菜給家人吃，因為她會去觀察這道菜是用什麼食材、燜、煮、炸、搭配佐料等等，只要她懂得做菜，一定可以仿做的來。這道菜有智慧財產權嗎？在任何有想法階段，還沒有做出來的時候，你是沒有任何專利的。所以，我的習慣是只要我一有什麼想法出現時，就會發表到「微博」、「微信」上，這些平台會紀錄我發文的時間點，只要往前回溯去找發表文章的日期、時間，便能夠知道誰才是最初始的原創者。

所以，你有想法、有計畫，卻沒有真正去做出來的東西，那又如何呢？因為你沒有團隊、資金去達成這個「最好」的夢想。與其你在自己想像的世界裡是最好的，不如參加各種路演，在路演的過程中，會有很多訊息的發出而產生各種激盪，進而啟發你另一種創意出來。

有一次，我在馬來西亞的演講時，提到我們有「花園寶寶」有早教課程，有個觀眾叫孫飛博士聽到這個消息，立刻表示他有意願要合作加入這個系統，因為你有發出訊息，而這個訊息就會像磁鐵一樣，立刻吸引到各種的訊息，會有人主動來和你談相關的事情。所以，不要害怕說出你的想法，因為在分享你的想法的同時，可能會得到更多的資源來支持你的想法、計畫，那就更有機會去更完整的呈現。

51 談判談出來的都是淨利潤

　　談判，是創業者應該具備的基本能力，因為創業者都會一直用到談判。事實上，談判對每個人來說都重要，我們在生活中常常遇到需要談判的情況。談判的核心概念是「經由談判所獲得的每一分錢都是淨利潤」。

 ## 每個人都會用到談判

　　創業者的第一個談判對象就是自己，首先要與自己交涉半天，終於說服自己，離開原先舒適工作崗位，離開小確幸，進入到大未來的創業。事實上，每個人從小到大，經常與自己談判，小孩子從小就學會談判，跟爸爸要一百元零用錢，爸爸只願意給五十，最後成交七十五塊錢，我們小時候就會跟老師談判，這次考試全班成績提升時，可不可以去旅遊？可不可以打球？可見談判是隨時都具有的能力，談判這兩個字也不要看得太嚴肅，東方人講求商量，西方人講談判（negotiate），其實也是商量的意思，既然是商量，就是有商、有量，有進、有退，有得、有失，因此談判絕對不是單方面的獲利，如果你被稱為談判大王，每次去談判都是贏家，以後也就不會有人跟你玩了，因為知道你每次談判都是贏方，原本談判就是希望得到更好的結果，結果現在對方甚至連戰場都不會站上去，哪來結果可言呢？

　　東方人和西方人是不一樣的，東方人講究面子，西方人講求裡子，所以，和東方人談判要顧及他的面子，和西方人談判就得顧及裡子，事實上，有裡子也就有面子了。過去我們都在講表面上要贏，但有沒有考慮到

這是真正的贏,還是虛假的贏,有可能是慘烈的犧牲所獲得表面上的好聽的名稱,對創業者來說,這是沒有意義的,因為創業者的資金、時間、人脈是有限的,最期望獲得的是實質的而不是虛假的。

談判的法則就是「雙贏」

創業者無所不談(判),買車需要談,若能減少付利息,是不是很好呢;租辦公室也要談,找團隊也要談,與別人合作是不是也要談、也要協議遊戲規則?跟客戶是不是也要談客服條款?幾乎我們都在談,這是事實。談判的法則,就是「雙贏」,你贏、我也贏,這才是真正的勝利,談判最希望的就是獲得勝利,所以最好的方法就是對方勝利,獲得面子,我方獲利,贏得裡子,這是真正的雙贏。

為什麼一定要談呢?因為「經由談判所獲得的每一分錢都是淨利潤」。例如,我們去買電腦,商家定價48000元,經過一番談判,最後以40000元成交,請問這8000塊錢是營業額還是淨利潤?如果我是創業者,要做多少筆生意才有8000元的利潤呢?假設利潤是10%,表示我需要做80000元的業績才能賺得這筆利潤,而業務是需要經過追蹤、談判,才有機會成交這80000元業績,如今,只要經過一場談判、商量的業務競賽,我就可以省下這8000元的淨利潤,就等同於80000元營業額,等同於要打多少通電話才能成交的業務呢?所以,一定要去談,因為「經由談判所獲得的每一分錢都是淨利潤」。

我們在與對方談判的時候,除了雙贏、裡子、面子……等基本原則之外,談判一定有開場、內容、結尾等過程;要注意的是,開場的人,一定不要先出價,一旦出價了,對方一定會抓到你的價格範圍,所以不要先出價,而是想辦法讓對方先開價,先說話、先出價的人,一定會輸,因為容

易被對方知道你的底線在哪裡。

　　若是你要還價呢？可以的，但是要如何還呢？假設對方開價10000元，你心裡想8000元可以買，所以你要開價6000元，為何是六千呢？因為理想的成交價格是對方價格加上我的開價，再除以2，理想價格（8000）乘以2 減對方首次開價（10000）等於自己的首次開價（8000），因為8000元是介於對方開價10000元與自己開價6000元之間，這樣才能有得有失、有贏有輸，互相往來，有商有量，比較有機會達到你要的目標，而不是只有感覺上的輸、贏。

　　在談判時候，有時你會不敢說、不敢做，不敢要求，如果能夠常常練習，效果就會比較好。一個優質的談判，有幾個原則：

1.談判是雙向的，有互動的

　　在有還價的情況時，這個過程中，有幾個部分要注意，一定不要成為先開價的一方，你可以利用「擠壓法」，擠壓彼此，說對方條件不夠好，代表我不能接受，這時對方就會自動調整；相反地，若對方跟你說：「你的條件不夠好。」你的回答：「怎樣才算好？」你沒有提出還價數字，只是給對方再次出價的機會，因為先出價的一方，就是「輸」方，所以透過擠壓法找到最好的。

2.專注在議題上

　　談判時，是雙方的一來一往，過程中，你要專注在議題上，不要尋求全面贏，這樣容易出問題，例如在打網球時，對方不斷在搖、晃，企圖分散你的注意力，所以你要專注在議題上。這場談判下來，對方死咬你的價格，其他的部分可以做適當的退讓，如果這談判最重要的結果是貨品，公司的庫存短缺，急需要貨，所以以貨期到達時間最短為原則，你一定要守住這原則，就可以適當地退讓，有些時候我們不願意退，想要贏者全拿，

那是不可能的，談判一定陷入僵局。

談判時可以運用的力量

1.個人的力量

談判的過程中，可以運用個人的力量，如果名片上的頭銜是董事長、總裁，在談判時，相對的可以站在高端去談，在美國的房地產業，業務人員可以讓你在幾天內就可掛上副總裁的頭銜，這樣你會比較有職務上的力量去做談判。

2.獎賞的力量

談判時，讓對方感覺我們做生意是我給你做生意的機會，相對的，若是對方跟我說，是我給你做生意的機會，我就要回答：我也很忙，來這裡談，是我要來的，不是你要我來的，不要讓對方有壓倒我們的機會。

3.傳道的力量

你很難想像你與法師、牧師、神父談判，他們有個道德至高點，如果你不是讓對方覺得你在買賣，而是基於你像是個傳教士那樣熱愛你的產品，堅守你的服務，所要求的一切，都是為了這個理念的延續，你就可以站在比較優勢的一方。

4.迷人的力量

例如，優雅的女性，故作無辜的樣子，就容易取得好的談判結果，有的人是性格上的幽默、具風趣特質的人，比較佔優勢。

5.專家的力量

出來談判時，讓人覺得你專業度夠，對於議題熟悉，掌握得很好，對於各種數字都瞭如指掌，就有幫助於談判。

6.情境的力量

談判時，最好在自己的地方談，有主場的優勢，不要在對方的地方談，就像是球賽時，地主國較具優勢。

7.資訊的力量

透過微信、Facebook、網路網站Google等等，可以搜尋到有關對方的資料，所謂知己知彼、百戰百勝，如果你比對方更瞭解自己，在談判時，就比較不容易被牽著鼻子走。

8. 強迫的力量

最後是強迫的力量，就是只此一家，別無分號，我們是唯一的專利授權方，你就具有強勢的力量，只有我們有專利，有多家店面……等等優勢，因此你就有較強的力量，占據優勢。

任何談判，應該避免陷入僵局，萬一真的陷入僵局時，要找仲裁、第三方來做一個適當的協調，打破這僵局，因為你是為了成功才談，而不是為了失敗談。談判的過程，有可能必須做一些交換的條件，如果對方要求你做些讓步的時候，請注意，也要想辦法讓對方做一些讓步，不可以只有你自己讓，對方不讓，適當的交換是必要的，彼此才能接受。

在談判的最後，你可能可以讓對方再做一點點的讓步，讓對方樂於接受你所開出的條件，讓這場談判有成交的能力。談判的結果是在一個不損自己利益之前提下，我可以拿出一些有利於對方的東西來與對方作交換，你拿出對方需要的，對方也會拿出你所要的，所以，在創業的談判過程中，絕對不要想一把抓，想要全盤都贏，這樣是沒有人會願意和你做生意的。

最好的談判是讓雙方都有贏的感覺，讓對方感受到你有關心照顧到他

的目標，我幫你解決你的需求，你幫我解決我的問題，雙方對事不對人，讓彼此都覺得彼此會守信用的，因為談出來是一回事，做出來又是一回事，所以每次談判結果，都能做到，你做了，下次的談判就更容易了。談判不是每次都要兵戎相見，談判的最後可能是簡單商量，以前人的談判是吵架吵半天，現在可能在一場飯局就解決了，這是一個累積的過程，讓雙方都樂意與彼此做生意，這就是一個有效、優質的談判。

52 最好的計畫、最大的努力、 最壞的準備

　　創業者開始創業當然要做好計畫，如果沒有計畫，就貿然地開始，失敗率相對是很高的，此外，有時候最好的計畫並不是最完整的計畫，而是現階段可以開始執行的計畫，如果你非要等到一切都非常完整才去開始執行，可能會錯過最好的時機點，所以最好的計畫是適當而現階段可執行的計畫，是可以在短時間內動工的計畫。最好的計畫也要有最佳的努力，因為空有美好的計畫，沒有努力，是不會讓計畫成真的，這是毫無疑問的。

一定要有最壞的打算

　　在執行計畫的過程中，一定會有A方案、B方案，就是必須要有「備案」。例如，舉辦戶外活動時，要有「雨天備案」的計畫，萬一在活動進行中，遇到雨天時，應該如何因應，如何移動場地等相關備案活動設計，又像是在野外野營活動時，萬一遇到下雨積水，就把帳篷移到教室打地鋪……等的「備案計畫」。

　　很多人，對自己太有信心了，所以都沒想過為最壞的情況做過準備，一旦事情發生了與原定的計畫有不一樣的想像時，往往計畫就直接毀了，原本是有機會緩衝、調整的，由於你沒有備案，沒設想過你會失敗，或是從來不曾想過最壞情況發生時，你該做怎樣的處理。很多淹水、溺水情況的發生時，致命因素通常不是淹死的，而是緊張地被嚇死的，因為你從來沒有練習過溺水時該如何自救，因而喝了很多水。其實只要在意外發生之

時，保持冷靜、保持呼吸，然後求救、找到身邊的漂浮物，讓全身放鬆可以在水上漂浮一段時間等待救援，就能讓自己得救。

經營企業計畫，要不斷地沙盤推演，做模擬，這件事非常重要。公司開門做生意，如果六個月內，都沒有進帳該怎麼辦？公司可以生存下去嗎？所以你要做好六個月的儲備。若是公司開業有六個月沒有任何進帳時，公司都能夠繼續生存下去，表示你可以繼續去做，不用擔心，但是要注意的是，六個月內的現金儲備用完之後，剩餘的儲備金是否還能繼續存活六個月呢？這就是最壞的準備。

當年要把「Money & You」帶到中國大陸去，有很多人告誡我不要去，當時是2001年，在那個年代中國大陸根本不注重智慧財產權，這套課程一旦過去了，很快就會有盜版了，學生來上課，結束後就會把這套東西拿到別的機構去當教材使用，這是我們設想最壞的情況，而我們當時最好的防治盜版的計畫是我們更用心、更努力地把課程做得更好，讓我們的教學態度來影響學生，因為我們課堂上所講的內容，強調廉正，我們是否有這能力去證明，讓學生感受到廉正的價值觀。廉正的處事原則是重要的價值觀，如果我們的學生都能感受到這個價值觀，那麼上過這個課程的學生就不會萌生盜版的念頭，不會自己拿這教材去別的地方教。事實上，經過了十四年來，在大陸真的完全沒有看過「Money & You」的盜版品。「Money & You」本身就能夠帶來一定程度的影響力，大家都能認同下課後不去做不廉正的事，也就沒有人去盜版了。這是我們的最好計畫。

「Money & You」有大量的義工參與，學生看到這些自願的工作者，他們願意從台灣、新加坡、馬來西亞、香港、澳洲等等地方的企業老闆，他們為何會這麼努力，這麼拼，到這個地方來做一個志願工作者，可見這課程一定是真正有幫助的，這個課程結束後，仍然有這麼多人自願來

到這裡幫忙，所以我們「Money & You」才能一路發展到今天。

現在，我們在推廣實踐家的青少年實踐菁英，我們當然做出最完整的計畫，我們整個產業線，從坐月子中心、早教中心、幼兒園、小學、國中、高中、大學，在體系外我們針對每個不同階段的素質教育，做好配套與方案，這就是最好的計畫。為了團隊，我們做出了最大的努力，不斷地拜訪各個小學、幼兒園、初中、高中、大學等各級學校，去努力協商合作方案，希望把我們的教育推廣出去，也拜訪很多補習班、安親班、各種技藝中心，努力說明我們這套青少年從零歲到二十歲的全能教育的夢想，希望「把世界帶進中國，讓中國領航世界」的夢想，希望中國的孩子可以站在世界的舞台上，去跟世界競賽，透過我們的校外素質教育，能夠有效的幫助他們，這是我們最好的計畫。而我們也做了最壞的準備，如果我們拜訪的十家，沒有任何一家同意我們，沒有關係，我們再拜訪十家，如果還是沒有任何一家同意我們，我們再繼續努力十家、二十家、三十家……，每次遇到困難的時候，不會就此打住，而是更加大力地去努力、投入，經過不斷努力的拓展之後，慢慢地就有很多人知道了我們有很好的系統，以前是我們去拜訪別人，現在是別人會主動找上門。

最近我們在上海的「初悅坐月子中心」剛開幕，我們也做足了最好的準備，從市場調查，瞭解到市場上的定價大約在八萬元人民幣以上，所以我們推出了五萬八人民幣、七萬九千八人民幣這兩種價位。很多人在台灣參觀了一些坐月子中心的服務之後，就到上海依樣畫葫蘆地做起坐月子中心，可是我們不同，我們是聘用了在台灣曾經做過這行業裡最好、最專業的護理人員組成團隊，然後由這個團隊帶領大陸的工作團隊，一起來做最好的護理服務的工作。在台灣的坐月子中心，最重視的部分是坐月子餐，吃什麼很重要，所以我們請最好的專家、餐飲工作人員，調理出最好、最

適合不同產婦的坐月子餐，我們用盡一切的努力，當然就要做出最好的計畫，過程中，在短短的幾個月內，以最高效率的投入，從選址、裝修、計畫、人員培訓等等計畫，全部完成。

雖然這是最好的計畫，但我們還是準備了最壞的打算，萬一沒有任何產婦進來，該如何應變？大部分的孕婦在分娩前，就會開始找尋適合自己的坐月子中心，所以當地原有的坐月子中心早早就被預約完，由於我們是新成立，在當地還沒建立起信用與口碑，沒有生意也是很自然的。所以我們在還沒正式營運前，利用兩個月的時間做了試營運，去努力、修正，積極邀請一些產婦來參觀、了解。很幸運的，在試營運的第一天，消息一出去，第二天就有生意上門了。

經營企業，沒有顧客上門是個很令人頭痛的問題，但是生意很好也會是個大問題，所以在規劃時，我們就已經考慮到這樣的問題，我們的坐月子中心是一棟酒店式的公寓，這樣的選址用意是改裝起來比較快，同時也具有服務的概念，整層大樓共有十八個房間，八樓為接待區，暫時空著不使用，以備萬一客人來得過多時候，還可以安排入住，這樣的拓展也不會太快，成本也就比較低。所以，最壞的準備是不管生意好或是不好，你都要準備好，一切都經過最妥善的計畫，最壞的準備。如此一來，就能一炮而紅，創造很好的收益。

創業資金哪裡找

～找資金、選專案，解決錢的問題

53 眾籌迎來新機遇

　　這個時代和過去創辦企業，最大的差別是，不管是在國營企業或是私人企業上班，創業者每年會存一些錢，累積了一筆創業資金後才會去創業，但很可能準備的創業資金還是不夠。而如今有了眾籌，一切都不一樣了。

　　眾籌（crowd funding）是指在網路上展示、宣傳某個項目，引發網民、大眾興趣，讓那些願意支持或參與該項目的人透過「贊助」的方式提供資金，同時獲得某種「回報」。「群眾募資」，也就是「眾籌」（大眾籌款），不是只有籌錢，而是籌四個東西——「人才」、「技術」、「資金」、「資源」，一切交由眾籌。所以現在很多網站都有平台，可以讓你去找人才、技術、資金及資源，只要你知道怎麼做，把你的方案說明得很清楚，馬上就會有人找你。所以現在年輕人創業是不需要擔心資本的，只要你有想法，一切的資源都可以因為你而集中。在這個眾籌時代，想創業的人可以有的做法就不同了，眾籌可以是產品眾籌，或是夢想眾籌、或是股權眾籌，也就是說，只要你有夢想就可以去做眾籌了。

　　眾籌的理念，即「集眾人之智，籌眾人之力，圓眾人之夢」，理解這句話你就能理解眾籌的真正意義。不僅僅只是「籌錢」這麼簡單，透過吸引一大批對一項「專案計畫」感興趣的參與者加入，從專案的定位、產品的研製都讓感興趣的人參與，集結大家的智慧做出一個強棒產品，然後透過參與者的體驗和口耳相傳，將產品和更多的人連接。眾籌強調的是參與感，這種參與是全方位的，參與眾籌的人和專案計畫、發起人之間是一種

「你中有我、我中有你」的關係。

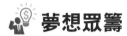 **夢想眾籌**

在台灣，你可以從Facebook、Yahoo、谷哥網路平台去找到夢想眾籌平台，你有一個夢想，有人願意支持你的夢想，就給你錢、贊助你，你就可以完成你的夢想，這叫「夢想眾籌」。我們都曾經做過的白日夢，你好主意，要做新產品，需要錢；你有唱歌天賦，想舉辦音樂會，也需要錢。沒有眾籌之前，這全是白日夢，而現在只要有人支持你的白日夢，你就可以實現你的白日夢，這就是「夢想眾籌」。

人類因夢想而偉大。這句話我把它寫成三段，「人類因夢想而偉大，因夢想幻滅而成長」。但最後因「夢想實現而成功」。所以，實踐是成功的關鍵，夢想借助東風就可以成功，眾籌就是「東風」。只要你的夢想是能讓別人得益，只要有足夠的粉絲相信你，願意在眾籌平台上「預購」，你就可以實現夢想。現在，喚醒你心底某個角落蠢蠢欲動的「白日夢」吧！

產品眾籌

「產品眾籌」，是指投資人將資金投給籌款人用以開發某種產品（或服務），待該產品（或服務）開始對外銷售或已經具備對外銷售的條件的情況下，籌款人按照約定將開發的產品（或服務），無償或低於成本的方式提供給投資人的一種眾籌方式。

你可以上網站搜尋「三個爸爸」的故事，這是一個特別的案例，「三個爸爸」創辦人「戴賽鷹」，他原是中國最大內衣公司（挺美）的副總裁，有了孩子之後，因北京的空氣很糟糕，為了寶寶的健康著想，他想要

找適合孩子的空氣清淨機,卻苦尋不著,後來和他的好朋友——陳海濱和宋亞男,一起考察現況並準備一起創業,他們決定做適合孩子的兒童空氣淨化器。這項產品出來之後,在網站上廣告,告訴大眾他們有「空氣清淨器」,越早訂購,折扣越多,訂購量越多,價錢越便宜,他們在短短的三個月內,籌集了一千二百萬人民幣,在京東眾籌平台創下國內首個千萬級眾籌產品紀錄。以前你必須要用產品去銷售,才能賺到錢,而現在不同,你可以透過網路先廣告產品,產品還沒上市,你就可以先收到錢,這叫「產品眾籌」。

 股權眾籌

　　股權眾籌,是投資者對項目或公司進行投資,獲得其一定比例的股權(簡單地說,就是我給你錢,你給我公司股份)。你要成立公司,需要一百萬台幣,你要出讓10%的股權,要賣200萬,代表這家公司值2000萬,只要有人認同你的股權價值,他就願意給你錢了。但是在公司登記的資本是100萬,10%是10萬,人家要用200萬元去買你的10萬元股權,是沒問題的,因為他認同你的公司價值。為什麼?用200萬元去買10萬元形式的價值,可是你未來可能為公司發展10倍、20、30倍,甚至會上市,他可以拿到更多的紅利,所以他願意出高價買,這就是「股權眾籌」。

　　以前的做法常常是私下轉讓的行為,現在都可以透過網路平台進行股權眾籌,這種機構非常多,在美國有名的眾籌網站Kickstarter。其實台灣這方面的東西發展比較慢一點,大陸也是,京東、阿里巴巴也都有股權眾籌的平台,所以,現在讓很多年輕人創業的平台很容易取得,不需要經過五年、十年的等待,只要你有很好的股權、很好的產品,有人支持你,你就可以創立你自己的公司。

在法律的方面，以前你要向銀行貸款借錢，必須要有房子（不動產）、要有抵押品才行，要順利借到錢其實是有難度的，而現在只要你想創業，你有想法、有創意、有夢想，可以透過眾籌平台來實現，在中國知名的眾籌平台，有百度、阿里巴巴、京東商城……這些大公司。在馬來西亞，馬國政府開放了五張眾籌許可執照，其中有個平台叫「方百密」（FundedByMe），我們（實踐家教育集團）有這家公司的30%股權，所以我們也進入了「眾籌」的領域，可以幫助更多的人，透過「眾籌」平台，為大家籌措資金、創造財富。

在中國廣東，當地政府特別支持眾籌、互聯網，他們是透過互聯網模式來眾籌，所以籌措資金模式就變得更加簡單。每一筆交易，都可以看得很清楚，這是股權眾籌的概念。

眾籌和非法募資是不一樣的。我們鼓勵年輕人眾籌，透過網路眾籌平台集資，集合眾人力量來做，不再是只能依賴自己微薄的力量，既然是集大眾力量募得資金，你的所得利益要懂得分享於大眾，所以不要去管百分比，而是要看倍數。何謂百分比？就是當你投資股票時，今年買進，明年股價漲2%，這叫百分比。何謂倍數？當你買股權時，股權是眾籌模式，當你擁有某公司的1%股權，當這家公司上市IPO市值為40倍，你的股利也就是40倍，你的股權20%，你的股利也是20倍，所以，一般人來參與股權眾籌是最好的，這是因為即使你沒有真正創辦一家公司，還是可以獲得創業的利益，因為你擁有賺錢公司的股權，當別人創業有獲利時，你也同時能獲得利益。

54 夢想眾籌

　　胡庭碩，台大法律系學生，也是2014年總統教育獎得主，創辦社會創新巴士、金瓜三號和一間坪林等三家社會企業，獲頒香港大學教育學院青年創業智庫榮譽導師，也是首屆行政院青年顧問。他從小患有脊髓性肌肉萎縮症，也就是俗稱的「漸凍人」。他是台灣大學的高材生，雖然他的病讓他越來越不方便，限制了他的行動，但個性開朗樂觀的他，仍然想為社會做些事，他想幫助各地農民、產業，做了很多休閒旅遊概念的事。他以坪林為主軸來推動農村志工旅行，推出土地勞作假期概念，將青年帶到農村協助農民。他在坪林，號召年輕人做志工來幫助農民，志工自己掏腰包，住在簡單的地方，幫忙老農民種茶、種菜、採茶，設計一個製茶體驗團，他的夢想是希望能夠在全台灣各地、大陸，透過這種方法來幫助農民。他沒有賺到很多錢，但他幫助這些志工完成志工服務的夢想，同時也幫助這些沒有足夠勞動力的農民完成工作。胡庭碩期許用自身故事，激勵人們發覺自我價值，積極於各地分享「夢想與實踐」、「挖掘自我熱情」、「志工服務學習」、「生命教育」、「青年返鄉」」等理念。這是很好的「夢想眾籌」案例。

　　阿里巴巴創辦人馬雲，從6萬美元起家到市值最高時3000億美元，股東資本增值500萬倍，即投資馬雲1元，8年後變成500萬元。這都是源於馬雲的一個夢想——做全世界最偉大的互聯網公司，讓天下沒有難做的生意。他的夢想是「讓全世界沒有難做的生意」。有了這樣的夢想、信念，許多中小企業上了阿里巴巴平台。馬雲就像一個神奇的造夢者，每一個當

初看似不可能實現的夢想，後來都一一變成了現實。「讓全世界沒有難做的生意」這夢想很簡單，卻很偉大。大家願意支持這個想法，就上去這個平台，集合大家力量，一起來做生意，這是夢想眾籌。後來，當馬雲提出打造能存活102年的企業、創造100萬個就業機會、10年內把「阿里巴巴」打造成為世界三大互聯網公司之一，當「淘寶網」交易總額超過沃爾瑪等時，已很少有人會感到吃驚或是懷疑了。在有些人看來，夢想可能是荒誕的想法和不可能實現的目標；但有時，夢想也會成為一個人成功的動力。「心有多大，舞臺就有多大。」

靠著大家的資源來成就夢想

不管你現在是什麼樣的狀態，只要你有想法或者能力，你就可以憑藉自己的個人能力，在眾籌投資的平台上發起項目，吸引廣大的投資者來幫助自己實現夢想。眾籌投資的平台具有多樣性的特點，因為，在眾籌投資沒有行業的限制，也就是說不管你是哪一種行業，都可以透過眾籌投資來申請自己想要做的項目。根據Wiki的資料，全世界第一個產生的群眾募資活動，是1997年的英國樂團Marillion，他們向廣大的群眾募集款項，募集了6萬美金，成功地完成了美國的巡迴演出。

眾籌可區分成四個方向：人才、技術、資金、資源，這些都可以眾籌的。例如，馬雲的「讓全世界沒有難做的生意」夢想，它吸引了一個來自台灣的蔡崇信（現任阿里巴巴的副手），當時蔡崇信捨棄了年薪幾十萬美金工作，來到月薪五百塊人民幣的阿里巴巴，他相信馬雲的夢想。當時阿里巴巴有所謂十八羅漢（原始創業者），當時他進入阿里巴巴即將股權組織結構完成，因為夢想需要靠具體的東西來支持、實現，否則夢想只能淪為白日夢。遠大的夢想，需要完整的系統來支撐。夢想夠大，便可以吸引

人才加入，這是人才眾籌的結果。

　　「三個爸爸」創辦人戴賽鷹想自己研發兒童專用的空氣淨化器，當時他沒有製造技術，是透過眾籌的方式找到技術，這就是技術眾籌，所以人才可以眾籌，技術可以眾籌，資金毫無疑問也是可以眾籌，資源也可以眾籌。這個時代最重要的就是能夠資源整合，你獨自一人是無法取得所有需要的東西，透過眾籌平台，集合了資金、人才、技術……等等資源，才能創造一個大事業。眾籌的概念是，要完成一件大事情，不能只靠自己的力量完成，是靠著大家的資源來成就夢想。

55 產品眾籌

　　「產品眾籌」是指投資人將資金投給籌款人用以開發某種產品（或服務），待該產品（或服務）開始對外銷售，或已經具備對外銷售條件的情況下，籌款人按照約定將開發的產品（或服務），無償或低於成本的方式提供給投資人的方式。這是透過網路平台展示計畫內容、原創設計與作品，並對大眾解釋讓此作品量產或實現的計畫。有興趣支援、參與及購買的群眾，可藉由「贊助」的方式，讓此計畫、設計或夢想實現。而它與團購的區別是：產品眾籌是針對還未面世的產品，支持者參與到新產品的設計，對新產品的性能或服務提出自己的意見；產品眾籌購買的都會是首發的全新產品，團購則都是成熟的批量化產品；產品眾籌是產品沒有生產出來之前的預售行為，需要先付貨款，而團購的商品已完成，是促銷行為，可以貨到付款。

　　2015年眾籌行業在中國快速發展，京東產品眾籌更是突飛猛進，率先在行業內突破10億元大關。京東眾籌平台所發起的項目總數已經超過2000個，用戶數超200萬，千萬級的眾籌項目已達14個，百萬級項目超200個。穩坐中國第一大產品眾籌平台寶座，並一直持續至今。上線一年多來，京東眾籌先後孵化出多個破紀錄項目：三個爸爸空氣淨化器是中國首個破千萬眾籌項目；大可樂手機12分鐘破千萬，成為破千萬速度最快的項目；小牛電動車總籌資額超7200萬，成為產品眾籌總額最高的項目。

　　實踐家教育集團在上海的「初悅坐月子中心」，是運用眾籌的範例之

一。我們的做法是，設定月子中心的每一間房間賣五萬人民幣，一個月的收費約二十五萬台幣，這樣的金額在台灣是昂貴的，然而在上海卻是相對便宜的。因為在上海坐月子中心，一般的平均消費金額是六至八萬人民幣，最貴的有一百萬人民幣，我們利用了眾籌方案，將坐月子中心當做產品來賣，我們的做法是先開放給我們的學員（企業家），企業家們可以優先認購月子中心的房間，首波一百間以六折賣，即三萬元人民幣，再來的一百間是七折，即三萬五千人民幣，再來一百間是八折。令人高興的是，我們還沒正式營運，就已經售出二百多間了，我們的收費是五萬，有最好的服務系統，我們的企業家學生，如果想要投資，可以投入三萬（等於是六折），坐月子中心還沒開始運作，就已經眾籌取得了六百五十萬的資金了，我們再利用這筆錢來租酒店，進行房間裝修，讓坐月子中心有了最好的硬體設備。當中心正式營運，我們把第一位顧客支付的五萬元費用，分給了第一位投資者，對投資者而言，投資報酬率為67%，對我們來說，是一個折扣做法，所以，這個眾籌的產品是「坐月子中心」。成立這個坐月子中心，我不需要向銀行借錢，也不需要做其他投資，透過眾籌的方案，就能讓每一方都獲利，這是一個真實的產品眾籌案例。

在台灣，像創夢市集作為遊戲新創企業孵化器，本身也有群眾募資（等同於大陸的眾籌）的平台。群眾募資在台灣可以說是剛起步，太陽花學運前，台灣人很少聽過群眾募資，但學運支持者在3小時內就募到633萬元新台幣，跨海買下《紐約時報》廣告後，該募資平台Flying V從此一炮而紅。Flying V目前是台灣最大的群眾募資平台，除了音樂、藝術等文創設計作品之外，Flying V的平台上也不乏與公益、路跑……等活動專案。而創下台灣群眾籌資金額紀錄的八輪滑板，即是來自於噴噴Zeczec的產品。近期該平台上一項3D印表機的專案，亦同樣以高達780%的達成

率，成功募得將近新台幣470萬元資金，成功資助許多具有創新概念的團隊進行研發。

　　相較於過去，有創意想法的創業家必須四處向創投、天使、金主籌資，但如今有了眾籌平台，讓創意者可以極小成本做出雛形行銷產品概念，讓贊助者實際地下訂單，並非只是回答市場問券；另外，贊助者可以與創意者於網頁上互動，贊助者能即時對產品與服務表達回饋，但不介入創意者的公司經營；所以贊助者並非擁有該公司的控股權，只是簽下產品或服務的客戶訂單。若你真的是很好的產品創意，就該挑戰全球眾籌平台的試煉，善用群眾力量，或許你的夢想也正在萌芽！

56 股權眾籌

　　Artistshare，是世界第一個專門幫助獨立音樂家們出唱片、拍攝MV等籌集資金的眾籌平台，主要募資對象是音樂界的藝術家及其粉絲。全球最大的眾籌網站Kickstarter，包括了十二個類別，三十六個子類別的不同專案。有做「掌上無人機」的，有做「僵屍主題桌遊」、「遊戲英雄浮世繪卷」、也有做「Form 1 3D列印機」的……可以說是包羅萬象。每天都在吸引著，對於不同領域感興趣的支持者們。

　　眾籌（crowd funding）包括產品眾籌與股權眾籌，前者例如電影《小時代》，還沒開拍前已經賣出大量電影票，保證了電影的獲利。目前，中國市場上的眾籌平台，大部分仍為產品眾籌。在產品眾籌平台上，創業者可以把自己開發的產品做預售，然後把預售募集到的資金，用於產品的生產。也就是說，產品眾籌本質上仍舊是產品銷售，不涉及到公司資本結構、股東的變化等問題。

　　而股權眾籌的本質在於，企業向一般投資者進行融資，投資者透過出資入股公司成為股東，並且可以獲得未來收益。當前有兩種主要的眾籌融資方式。一種是獎勵型眾籌，比如 Kickstarter 和 Indiegogo 這種，人們給創業者資金，創業者給予投資者獎勵回報。許多生產硬體產品的企業，比如 Pebble、Oculus Rift、Boosted 都是透過這種眾籌方式發跡的。第二種是股權眾籌，也就是FunderClub正在做的，在這裡投資者可以向創業者投資、換取企業的股權。通過這種方式成功的企業有Coinbase、Instacart等。兩種方法都可以讓創業成功，有時候兩種方法都可以奏效。

然而股權眾籌模式的意義遠不止於獲得資金，這些帶來重金的投資者，所帶來的人脈或許也能為公司未來的發展提供機會。

只要你願意開放股權給別人，「股權眾籌」是現代人創業最好的模式。對於創業者來說，股權眾籌募集到的資金不僅可以用於產品的生產，還可以用於公司其他業務的拓展和營運需要。而對投資人來說，股權眾籌是一種真正的投資行為，最終獲得的收益很可能是本金的幾十倍甚至幾百倍。例如，LKK洛可可設計集團的創辦人賈偉，當年創業時候，以人民幣五百元在別人公司裡租了一個小小的辦公桌，開始了他的創業，後來他要去註冊登記公司的時候，那家公司便以不收租金方式作為投資，投資了賈偉人民幣二萬元，當時登記公司需要十萬人民幣，所以當時那名投資者便持有了洛可可公司百分之二十的股權，而如今洛可可設計集團的營業額有十幾億，所以這家擁有20%股權的投資公司就有了幾千萬元的獲利。對洛可可公司來說，當時雖然少了20%股權，但如果沒有那人的租金投資，創業也無法開始，也就沒有今天的洛可可。

你分享越多出去，獲得的會更多

「智慧要分享，利益要分配，責任要分擔。」這是我一直想和創業家們分享的一個觀念。一個好的企業機構，有很棒的智慧可以和大家分享，有利益時要分給大家，出了問題，有人主動幫你扛起，你是股東，按照股東應盡的權利與義務，將你所懂得專業知識分享出去，公司所得，依照股權利益去分配，有了問題，也承擔你是股東應做的事，這是股權眾籌的核心價值。以股權開放的比例而言，新創企業初期，一般來說不要開放過多的股權，建議開放15%股權，是比較好的做法。

「股權眾籌」最有名的案例是「眾籌咖啡」。有車庫咖啡、www咖

啡，中國總理李克強在2014年5月7日到北京中關村創業大街，光顧眾籌咖啡廳「3W咖啡」與創始人交流，自從李克強總理到「3W咖啡館」一坐，這家為創業服務的咖啡店就迅速紅了起來。所謂的眾籌咖啡就是，有家快倒閉的咖啡店，大家合資把它頂下來，假設買這家咖啡店需要五十萬人民幣，如果有五十個人，每人投資一萬人民幣，並同時有2%的股權，我自己可以喝一萬塊的咖啡，同時擁有2%的股權，而這家咖啡店也同時有了基本客戶50人來喝咖啡，以前一個人很難有作為，現在是一群人一起來，這是集眾人之資的眾籌。這是股權眾籌的概念。目前為大眾所熟知的眾籌咖啡館，有以「網際網路」為主題的3W咖啡、以「校友創業」為主題的1898咖啡，以及以「金融精英為圈子」的金融客咖啡館。3W咖啡通過網誌招募原始股東，每個人10股，每股6000人民幣，相當於一人出6萬。很多人並不特別在意這6萬元，花點小錢成為一個咖啡館的股東，可以結交更多人脈，進行業務交流，未嘗不是一件有趣的事。很快，3W咖啡彙集了一大幫知名投資人、創業者、企業高級管理人員，其中包括沈南鵬、徐小平、曾李青等數百位知名人士，於是3W以咖啡為載體，不斷擴大社交圈、塑造孵化器和傳遞創業智慧的營運模式逐漸形成。

又譬如，實踐家有入股香港一家有英國三十年老字號的補習學校「英皇教育」，他們在香港一共有十八所學校，我們入股的時候，也是以眾籌方式籌資，結果以75%股權進入，當時以個別的來說，是很難做到，現在我們已經成為這老品牌的大股東，只要你願意開放股權給別人，是可以取得一筆資金的，讓想創業的你或是企業能更高效地拿到融資，在創業的路上少走彎路、實現夢想。

57 創業投資：種子基金、天使基金、風險基金

　　創業企業發展需要資金，找VC風投和天使投資是最佳的途徑。以下將介紹它們的區別與各自特色。根據被投資專案所處的階段來劃分的，天使基金是種子期，VC是早期/成長期、種子期的項目，往往只有一個idea和初始團隊（有些只有一兩個創始人），idea能不能轉換為一個make sense的business，具有高度的不確定性，需要通過一段時間的嘗試，對idea背後的各種假設進行驗證，從而探索到真正可行的方式。

　　天使投資的特點是，在初創或孵化階段、資金額度不高、投資人對項目能起到建議性幫助、多數為私人投資。天使投資很多時候帶著賞識的成分，而VC是完全要看projection，從資金來源來區別的話，天使投資一般是投入投資者自己的錢，而風險投資一般是募集大基金的資金。創業者在尋求融資的過程中應仔細研究，才能獲得投資人的支持。

種子基金

　　所謂「種子基金」（Seed Capital），當一個想法、觀念才正要開始，可能連具體的商業計畫、工作團隊都沒有，但有人願意投資你資金，就叫「種子基金」。由於種子資本進入較早（實際上是各種投資中最早的），所以風險相對更大，但潛在收益也相對較高。我們在馬來西亞的拉曼大學有我們自己的「東盟創業孵化器」，有許多大學生已經有一些創業的想法，但是還沒有找到團隊可以執行，而這些想法，也可能沒有寫出計

畫書來，但我們仍然願意投資他，這是因為這想法可能很偉大，這個事業計畫可能可以幫助到很多人，「想法」是很重要的，可是「種子基金」此時就投資，其實風險也是很大的，因為種子還在地底下，還沒有長出來，也沒把握這偉大想法是否能成形，如果你相信這個人，有時候投資人與投資項目是不一樣的，如果「人」對了，他的項目是有機會一步步地成功；如果「人」錯了，再好的項目也沒有用，所以，我們常常是投資在學生階段，像是「YDBS菁創學院」裡的學員，每一位都是種子，如果有一百萬個學生，就有一百萬個想法，百萬中擇一，一定會有成功的種子案例，就可能改變世界。

「種子基金」就是要鎖定這些孩子的想法，他可能還在就學階段，不一定自己來完成計畫，我們可以預留這份股權，幫忙找到團隊來執行、完成，未成年的孩子，股權就登記在其父母的名下，做個委託，等到年滿十八歲的時候，父母再把股權還給孩子。這樣的系統我們已經開始建構了。

我們的態度是鼓勵孩子，如果他有一個非常棒的想法，他可以找我們談，他的想法也許是粗糙的，但因為我們有經驗，可以針對這些粗糙想法打磨、溝通，經過互動討論，有了更成熟的想法，也可能他的想法對我們很有幫助，可能啟發我們在其他領域的突破。一般而言，我們投入「種子基金」的資金是最少的，但是所佔有的股權是最高的，不過，可能失敗率也是最高的。

天使基金

所謂「天使基金」是指，你已經創業了，有很不錯的想法，具有專門技術或獨特概念的原創專案或小型初創企業，並且已有商業計畫書了，也有一個小團隊準備要去執行，可是你缺乏資金，那就可以找「天使基金

（天使投資，Angel Investment）」來協助。專門投資於企業種子期、初創期的一種風險投資，主要進行一次性的前期投資。「天使基金」所投入的資金也不高，只要你公司開放10%～30%股權來換取資金，來作為啟動資金。

我想給年輕人建議，如果原創想法或是計畫很棒，不要過於擔心開放過多的股權，因為這不會是你這輩子唯一的公司，就像我的「實踐家」，一開始它也不叫實踐家，而是名叫「曼陀羅管理顧問公司」，後來演變現在擁有一百多家公司股權的公司。夢想會與「速度」以及「行動」有關，假如你有一個想法，可是卻一直在糾結要讓出多少股權，時間過去了，別人可能已經在執行你的想法了，或是別人的想法雖不成熟，但是他快速籌得資金，很快地執行創業想法，過程中不斷地修正改善，最後一定比你提早完成目標，而你的想法只好深埋谷底，永遠無法實現。

所以，創業者不要太在意股權讓出的多寡比例，馬雲也只不過佔公司股權的8.2%，蔡崇信的股權佔2.9%，所以不要計較眼前百分比的數字，開放自己，心胸越大，你得到的成就也會越大，如果這家公司做得非常成功，也可將它賣出。因為企業能夠傳承比較重要，即使你不在這家公司服務了，但你永遠是這家公司的創辦人。Volvo汽車公司，過去是瑞典的汽車公司，現在已經由中國吉利汽車公司李書福併購，雖然這家汽車公司曾經有多次被其他國家公司併購過，卻並不影響大家對於它是瑞典汽車公司創辦的記憶，企業能夠生存下去才是最重要的，而不是空有名氣，而沒有實力，最終卻跨掉。

在此，我要說的是，有很多企業人有某種程度的偏執狂，有偏執狂才會成功，如果失敗了，你連「狂」都不是，所以，「天使基金」可以幫助你實現夢想，想法可以實現、目標可以達成，才是重要的。

風險基金

　　台灣的創投基金是「創業投資基金」的簡稱，英文稱為「Venture Fund」或「Venture Capital」，簡稱為VC，中國地區則將之翻譯為「風險投資」或是「風險資本」。就英文字面上即已顯露出這類型基金進行的是冒險的、有風險的投資行為，而非單指投資新創公司。它與「種子基金」、「天使基金」不同，「種子」只是在有想法的階段，「天使」是投資在已經有個商業計畫了，而「風險基金」是你的企業已經在某個領域做到某個程度了，在專業上的掌握度也還可以，在事業發展上你已經不是新創企業，而是已經獲利了，或者是雖然還尚未獲利，但你確認營利已到獲利臨界點，不久即將獲利，只需要再多引進一點資金進來，就能有大獲利，此時，你若只是靠著自己的每年的營利、自己的準備金，並不足以支撐企業的突破發展，因此，企業在這個階段時，可以開始接觸「風險基金」；當然此時若是有風險基金投入進來，它所取得的資金也是比較大的，所相對應的股權數也就比較多，不僅如此，由於投資的金額比較大，相對它的風險也比較大，此時風險基金就會開始和你對賭了，他們會要求你的績效必須有所成長，而且利潤必須成長到某個百分比，在這段時期內，必須增加多少個營業據點，如果沒有達到這些要求，風險投資者可能就會要求撤回資金，並且還款的金額還得必須賠償投資損失，比原來投資金額還要多，或者以資金交換公司股權的方式，若是沒有達到約定的業績目標時，必須再讓多少股權給投資基金，因此，企業與風險基金打交道，並不是一件容易的事，高風險、高回報、高損失，因此它所要求的條件也就比較多了。所以，一定要衡量、確認、了解自己是否能夠承擔得起這樣的風險，這等於是你在「簽對賭協議」，要衡量自己的控制權會失去多

少，它與「天使基金」不一樣，「天使基金」進來所開放的股權是20%至30%，公司的主導權仍然在自己，但是風險基金進來時，一旦未達到約定條件時，可能就全盤皆輸，因此要特別謹慎小心。

　　明星大S的夫家所經營的「俏江南」，當年是有機會上市的，它在整體的發展上，就是已經在一個高點階段，又再透過風險基金取得太多的資金，但是整體營業績效卻沒有達到約定要求，導致最後整個「俏江南」都被收購。「俏江南」為何會績效不再亮麗？這個可能與大陸政府的「打貪政策」有關，原本高檔餐廳是政府官員與富商往來聚會、請客吃飯的地方，一旦遇到這樣的政策氛圍，到餐廳聚會用餐的消費人數就大大降低了，影響相當大，這個也是風險之一。所以，你若沒有預估到這樣的風險，沒有做到業績時所得到的損失，企業也就因此「輸」掉了，這是風險基金裡有名的案例。

 58 做好本業、股權投資、
互為代理、共同股東

 做好本業

　　經營企業，就是要做好自己企業的本業、專長，而且要力求做到最好的狀態。當你做到最好狀態的時候，才會有機會和別人談合作。當你是這行業的第一，別人自然願意與你合作。像是日前的強強聯盟，台灣、日本與中國大陸的三強：日本軟體銀行、鴻海集團與阿里巴巴集團結合三方產業優勢，聯合布局全球機器人市場，致力成為全球第一的機器人公司。又例如，以我們實踐家來說，是以銷售見長，在營銷方面最厲害，所以各家公司想要提升他們的銷售，就會想要和實踐家合作。也就是說，當你的企業有一個特別的優點，才能吸引別人關注你，才有辦法和別人進行合作。做好本業，其實也是重要資產來源，因為經驗是需要累積的，你的資產是需要在同一產業領域裡不斷的累積，滾石不生苔。

　　我們實踐家教育集團從事教育培訓有十七年了，至今沒有改變過，我從十八歲時參與青少年夏令營志工，從事青少年學生活動，到了今年已經有三十三年了，從來沒有離開過這個領域，因此有機會做到最好的，才有機會到中國大陸創立青少年實踐菁英的平台，這些都是經驗的累積而成，沒有一個東西是可以跳過去的，做好本業是最紮實、最重要的，建立本業的知名度，才能連結其他更多、更好的東西。雖然現在有很多人講「跨界」，我也不反對跨界，現在也講邊界消失了，我也不反對邊界消失，不

管你是跨界，還是邊界消失，都需要有一個本業，才能做連結。

股權投資

當做好本業時再做「股權投資」，用你的資金買別人公司的股權，別人賺錢，你也可以分得利潤。或者是，將你公司的股權賣出一部分，把你所賺的錢分給別人，這就是股權投資的概念。

如果你的一筆錢要賺十倍、二十倍，甚至更高，「股權投資」是風險最大，同時也是獲益最大的。「股權投資」有幾個基本原則：第一個「投資自己」，投資自己的回報是最大的；第二個：「投資合作夥伴」，多一個合作夥伴，就少一個競爭對手；第三個：「投資好賺能幹」，就是行業很有賺頭、老闆很能幹，就可以做為一個投資的方向；第四個：「投資大數據」，任何小數據的連結都會成為足夠的大數據。如果你要投資，總是需要方向的，也就是股權投資的方向，那什麼樣的方向才是正確的呢？以我們實踐家集團來說，我們有以下六大投資方向——

1.教育產業：

隨著雙薪家庭的比例越來越大且收入越來越高，再加上其望子成龍的心態，讓父母在子女教育的投資上毫不吝嗇，再加上大陸宣布廢除一胎化，開放二胎政策後，兒童教育發展前景看好，因此兒童文教業市場商機無限。而上班族也因為失業率攀升，求職壓力加大，為加強競爭力多積極培養第二專長，於是讓成人教育業的商機浮現。

任何事業都是教育產業，舉例，直銷公司在一開始就是教育訓練，做說明會，其他很多廣告，都是在教育我們，告訴大家他們的產品很好，可以買他們的產品，所以任何產業都是教育產業。

2.健康產業：

因為現在是大健康時代，健康是一切的核心。人們對於健康的概念也越來越重視，不再是因為生病才有醫療需求，預防醫學的觀念已被大家接受，這可從數年前曾風靡一時的靈芝、蘆薈等保健產品的熱賣得到印證，甚至現在市面上的健身俱樂部、養生餐廳等，就連飲用水及有機蔬菜水果也因為強調有益健康而熱賣，因此，健康概念被列為最具錢途的創業方向第二名。

3.食物產業：

因為民以食為天。即使景氣再差，一日三餐還是要吃的，食物產業始終是熱門投資項目，健康飲食更是現在最受歡迎的飲食模式，實踐家自然不會忘記在食物產業努力營運。

4.娛樂產業：

景氣好的時候，大家想去歡樂、慶祝，生意會很好；景氣不好時，大家想去發洩，生意也不差。當一切都變得好玩，就能成功吸引眼球，像是手機遊戲、政府的App……都是朝著好玩、有趣的方向去設計，很多東西都變得有趣，不會單調無聊，就是商機。

5.能源產業：

因為能源會短缺，人越來越多，能源卻是越來越少，只要能注重環保，透過環保做法，去愛護資源，不浪費資源，事實上就是一種能源產業，像是台灣的大愛感恩科技公司，這是一家為落實環境保護、資源回收的目標，將廢棄寶特瓶，運用創新環保科技技術，將其轉化再製造成各類紡織品，重新創造新的價值。

6.遮蔽產業：

這是一種安全性的產業。例如，阿里巴巴最賺錢的項目是「支付

寶」，它保障了你用錢的安全，騰訊最賺錢的項目是「微信」，它確保你的溝通訊息安全。還有有機食品現在很熱門，是因為它保證了食物飲食安全，所以安全性產業，相對也是最大產業之一。

以上六項產業，是我們建議的投資產業。創業者除了自己創業之外，也要懂得去投資別人的創業，做到利益分享，這是股權投資的概念。

互為代理

互相作為對方的代理，叫做互為代理。互為代理已經越來越重要了，以前是策略聯盟概念，例如，現在在中國，叫做二級分銷制，這變得非常簡單，它會改變企業的經營方向以及方法，關鍵在於方法。

所謂「二級分銷制」是說每個人都是每個人的代理商，像是你的手機只要掃描一下我的QR Code（二維碼），「微信」有個功能叫做「掃一掃」，透過QR Code你就能買到東西。現在我的產品可以透過二級分銷制，你用QR Code二維碼買東西，一旦成交，便自動產生獎勵金，有人再跟你買東西，我也可以享有獎勵金，這就是二級分銷。譬如，你有一本書，作成二維碼系統，我掃了你的QR Code二維碼買了一本書，我就成為會員，然後第三個人掃了我的二維碼買了這本書，我也可以分得到這筆銷售利潤，這叫互為代理。

假設你到一家美容院消費，而這家美容院跟一家六星級按摩院合作，因此你也同時成為六星級按摩院的會員，只要你到按摩院消費就能享有一定的折扣優惠，同時你也成為推廣會員。所以這個時代，你是消費者，同時也是經銷者。馬來西亞也將要開通微信，跟進這種二級分銷制，這是一種返利的機制。你個人是無法擁有所有的產業，無法生產所有的產品，但是我卻可以將自己的本業做好之後，再投資其他產業，藉由二維碼系統成

為其他產業代理商,提升機制,所以二維碼的重要性在此——「互為代理」,彼此都是代理商,記得前提是要「做好本業」,其他都是順道隨之而來的。

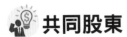 共同股東

這是眾籌的概念,我把本業做好之後,去投資別家公司的股權,跟別的公司互為代理,我有好的項目,分享出來讓大家成為共同的股東。

什麼是好的項目?年輕人要創業,如何成為一集團的規模?假設今天有30名年輕人想要創業,而你是其中之一,這30名年輕人每人各自去成立登記一家公司,你自己成立的這家公司你有71%的股權,再把另外的29%的股權,開放給其他29個年輕人,以此類推,這樣一來,是不是每家公司都有30個股東,創辦者自己擁有71%股權,還同時擁有另外29家公司的1%股權,然後這三十家公司集合起來便成為一集團了,其實只要你願意,很快就能成為很多公司共同股東的機會,但前提是那些擁有71%股權的創辦者都要做好本業,這是年輕人能夠快速創業的基本方法。

59 股票是百分比，股權是倍數

股票投資得到的是百分比的獲利，股權投資，你得到的將是倍數獲利。股票每天的漲跌，是百分比的概念，但是你卻無法去控制這家公司的發展及未來，因為你沒有擁有那家公司的控制權。

股權投資是一種新興的投資型創業模式。它不需要太大的資金，也不用太多的技術，更不需要你費心去管理。你只要找到一家擁有一流管理團隊的一流企業。然後，放心地把資金交給他們，為什麼投資他們，因為他們比自己更優秀、更好，讓他們利用你的資金為你創造財富。股神巴菲特一生從來沒有投資過實業，他的財富都是透過產權和股權投資來實現的。大部分明星都有股權眾籌，比如趙薇投阿里巴巴一天賺5.7億，黃曉明投華誼兄弟賺2億，投資酬率令不少人豔羨，是透過出資入股公司，以獲得未來收益。

阿里巴巴最神秘千億富豪

阿里巴巴副主席蔡崇信，他是阿里巴巴最神秘千億富豪，來自台灣的蔡崇信，很難想像，當年馬雲才給他人民幣五百元的月薪，阿里巴巴內部人士透露，他的實際持股，可能在馬雲之上，如果按分析師估計，阿里巴巴重新上市後市值達1500億美元計算，蔡崇信的身價逼近新臺幣1000億元。

據媒體報導，蔡崇信當年是放棄了70萬美元年薪（按當時匯率，折合人民幣580萬），帶著懷孕的妻子投奔馬雲，領月薪人民幣五百元，當

時阿里巴巴還是一家鮮為人知的網路公司，其創始人馬雲同樣名氣不大。在幾次和馬雲接觸下來，就被馬雲的人格魅力深深吸引了，被他一直都在談論偉大的願景所鼓舞。千里迢迢來投奔馬雲。當他向馬雲毛遂自薦想到阿里巴巴工作，馬雲第一時間還不敢接受，直說只付得起人民幣五百元的月薪，哪請得起「年薪70萬美元」的蔡崇信？因為此時的蔡崇信原本是北歐最大工業控股公司Invester AB的高管，在香港工作負責亞洲業務。但他毅然決然地放棄一切，而且還帶著太太同行，以示決心。網上有一篇很火的文章《當年放棄70萬，如今坐擁72億》，說的就是蔡崇信。

他很欣賞馬雲的個性，然而，真正打動他的地方，不僅僅是馬雲本人，而是馬雲與一群追隨者患難與共的事實，是個有影響力的領導者。1999年6月，他與馬雲等人艱難創業，他問馬雲哪些人將成為股東，馬雲給了他一個名單，幾乎工作室裡所有人都是股東（18羅漢），馬雲將很大一部分公司股權讓給了他的創業團隊，這讓蔡崇信很驚訝。馬雲開放的胸懷，讓他覺得自己跟對了人。

2004年和2005年，蔡崇信再度替馬雲籌資8200萬美元，並合併雅虎中國。這兩次重要的翻身，不僅讓阿里巴巴有充足的資源建構淘寶網，也讓阿里巴巴坐穩今天中國第一大電子商務的寶座。2014年，蔡崇信帶領阿里巴巴在美國上市，阿里巴巴創造了史上最大的IPO，蔡崇信持有的2.9%股份價值45億美元。2015年，蔡崇信以59億美元名列福布斯全球富豪榜。而亞洲首富孫正義在2000年點頭答應拿出2000萬美金投資阿里巴巴的股權，給他帶來超過100億美金的回報，這就是股權投資的財富倍增效應。

💼 原始股

無商不富，無股權不大富。中國前100名的富翁，沒有一個不是靠原始股權投資。也就是說，你投資別人的公司，拿到股權，是最划算的。

股權投資投到實體經濟裡，選的是好的企業、好的團隊，企業會經營得越來越好。隨著時間的推移，企業會發生翻天覆地的變化，會給投資人帶來確定性的高回報，這是日積月累的結果。投資時間越長，投資人獲得收益的倍數或確定性越高，這是股權投資的特點。

原始股是什麼意思？原始股是指在公司申請上市之前發行的股票。原始股票的購買機會是十分有限的，購買者多為與公司有關的內部投資者、公司有限的私募物件、專業的風險資金以及追求高回報的投資者。他們投資的目的多為等待公司上市後獲取投資的高回報。通常這一周期要在一至三年左右，原始股的利潤是幾倍、幾十倍甚至上百倍。投資者若購得原始股，日後上市，利潤便是數以百萬計了。

例如，阿里巴巴當年1元原始股，現在變成161422元！2014年9月21日，阿里巴巴上市不僅造就了馬雲這個華人首富，還造就了幾十位億萬富翁、上千位千萬富翁、上萬名百萬富翁。騰訊當年1元原始股，現在變成14400元！2004年6月16日，騰訊上市，造就了五位億萬富翁、七位千萬富翁和幾百位百萬富翁。百度當年1元原始股，現在變成1780元！2005年8月5日，百度上市，當天創造了八位億萬富翁、五十位千萬富翁、二四〇位百萬富翁。當年，美國可口可樂公司剛起步時，也發行了上市前的股權轉讓，可是認購的人們並不多。美國的巴菲特——世界第二富豪，卻獨具慧眼將手中的全部資金投入買下股權，而且上市後不拋售，現在他每年單是從可口可樂公司的股權分紅高達幾千萬美元。

　　股神巴菲特並不炒股,他是選出優質公司並長期持有,這是他成功的核心,巴菲特所投資的公司,都是看中它的長期價值,這是股權投資邏輯,與股票投資完全不一樣。

　　投資者都想投資能獲取高額的收益,通俗來說就是——暴利!想要賺取暴利,除了做軍火、毒品生意,就是股權了,前兩個應該沒有幾個人有能力、有膽量去做,其實也不能做,比前兩件者投資報酬率還大的就是股權了!股權投資所帶動起來的創富商機,等著你來把握!

60 熱門投資項目

　　現在熱門投資項目、方向是什麼？

　　以下是我們實踐家集團有投入的領域，並且認為還不錯的幾個未來投資方向，是我們DBS創業學院提出的幾個觀點：

 一、教育產業

　　華人世界的子女教育，永遠是父母最大重點消費支出，再加上有些人在很年輕的時候就出社會創業、工作，因此他們也沒有接受足夠的教育。過去在大陸辦學校是非營利組織，不能營利的，現在中國大陸政策已經開放學校可以營利的，只要你的項目是可以帶來價值的。所以教育產業是最大市場，全中國的教育產業如雨後春筍般，不斷地上市。特別是大陸的線上教育，更是誇張，隨便一個項目就有三至五億人民幣的風險投資。我個人比較看好行業教育，就是專門針對單獨某一行業的教育，這個比較有機會竄升，我們有個學員是單純做服裝業的培訓，才成立經營短短三年的時間，在創新園區內就已經擁有三棟大樓，所以教育產業是一個龐大的市場，是可以投資的方向之一。

二、健康產業

　　社會不斷的進步，人們對健康的重視與日俱增，因此，健康產業也是可以投資的方向。健康產業包括保健、醫療……等等，而現在市面上流行醫療旅遊，每年到韓國整形的人特別多，它是一種醫美，同時又可以去旅

遊，參加的人特別多。在台灣的和信集團，他們在汐止的水蓮山莊有個休閒生活館，好山、好水、好心情，不像一般的健康檢查，因此我們認為醫療旅遊將會是健康產業中最熱門的行業，是可以投資的方向。健康產業中最重要、最值得關注的兩個部分，一是大數據，各種數據的搜集，第二是醫療旅遊，它們將是未來產業的亮點。

三、文創產業

文創產業相對於其他產業的成本是比較低的，而相對的投資報酬率卻是很高的。台灣的文創產業一直是很亮眼的。以九份來說，其實它並不是一個旅遊景點，而是它具有濃厚的當地特色小吃名產、早期拍電影「悲情城市」留下來的場景及懷舊的故事氛圍。儘管前往九份的路很小、假日總是塞車，但還是有很多人喜歡往那裡跑、到那裡遊玩，只為了那種氛圍，吃吃芋圓、感受本土文化、感受當年挖金礦的心情……等等，大陸票選台灣旅遊景點，第一名是太魯閣，第二名是九份，這結果讓人訝異，原來他們要看的不是像「101大樓」這種冰冷的建築，嚮往、想看的是文化層面的，是一種情懷。所以，台灣擁有優秀的創意人才，文創能力是有目共睹的，例如：像松菸文創、華山文創等等，遺憾的是台灣政治力量把它曲解了。

我們實踐家文教基金會在台灣藝術大學設立一個「實踐家文創研究中心」。李安是奧斯卡電影的最佳導演，全世界的人都注意到他的電影，感受到他電影要傳達的訊息，侯孝賢導演是今年坎城影展的最佳導演，他們都是畢業於台灣藝術大學，所以我很希望台灣的文化底蘊，所呈現出來的創意的生命力，可以幫助到更多人。台北西門町的紅樓，裡面也有個文創中心，我們曾經邀請當年台北市副市長李永萍以及大陸的文創團體到那裡

辦活動，收穫很大。

　　其實，任何產業都能與文化產生連結，讓它馬上變得不一樣。例如，在汐止有家餐廳名叫「食養山房」座落在深山野嶺的，這家餐廳不僅僅只是吃飯的地方，它還具文化氛圍，有著對餐飲文化的尊重，讓人身入其中就能很自然地放鬆心情。

　　又像是台灣的鳳梨酥，它不僅僅只是個點心，同時它還具有台灣的印象，在鳳梨酥產業中，賣得最貴的是「微熱山丘」，它不僅僅只是賣鳳梨酥，它賣的是「文化」，他們說：「不是所有的鳳梨酥都是鳳梨酥」，他們用文案、用一段故事來說明為何是「微熱山丘」，並描述鳳梨酥如何生產製造出來，讓你覺得不是在吃鳳梨酥，而是在品味鳳梨酥生產的過程，是對一群在八卦山上辛苦種植鳳梨的農民的尊重，所以，文創產業才是台灣最強大的東西。

　　我們已經與洛可可設計公司合作，希望台灣最好的文創人才、文創產品藉由大陸的品牌，在大陸發光，並走向全世界。台灣有很多設計品得到「紅點」大獎（紅點獎是創意設計界的奧斯卡獎），能夠得到「紅點」大獎，表示你的作品是世界級的好作品，台北松菸文創區內有臺北紅點設計博物館（Red Dot Design Museum Taipei），為德國紅點設計大獎博物館。全世界只有三個「紅點博物館」，台灣是其中之一。台灣藝術大學裡有很多老師、學生得過紅點大獎，但是他們的創意、設計的作品，大部份都沒有被生產出來，因為台灣的市場規模太小了，開模具生產不划算。因此，我們呼籲台灣的文創工作者，如果有好的創意，好的設計作品，請與台藝大或是我們聯繫，希望我們可以合作。文化的東西，不是關在自己家裡欣賞。像日本人，以前在攻下一地方時，就立刻要求當地人說日語，硬是把日式文化帶入當地；英國，以前的「日不落國時代」，也以同樣的方

式去治理當地，所以，不是以武力統御世界，靠的是文化的力量，可見「文化」的重要性。

 四、娛樂產業

現在的時代，一切都要標榜好玩、有趣，要像小孩一樣玩，才玩得起來，如果沒有「玩」，就不會有人參與。現代人的壓力大，當你可以放輕鬆時就變得好玩。像「桌遊卡」就非常受到小孩的喜愛，大陸有專門玩「桌遊卡」店。我要表達的是，當一切都變得好玩時，它帶來的商業價值是非常非常大的，而娛樂產業比較多的是體驗性的產業，以前你到百貨商場去，裡面大多數是賣東西，地下室做美食街，五、六樓做兒童遊樂區，高級玩具區只有一、二個，體驗式娛樂區約佔10%~20%空間。而現在中國的百貨公司，吃飯和娛樂的部分，約佔70%以上的空間，他們正在往娛樂業方向移動，而且70%的營收是來自娛樂業部分。現在是網路時代，透過阿里巴巴、淘寶網，只要按個鍵，就能買到你所要需要的，所看中的商品又能送貨到府，快速又方便，所以到百貨公司不再只是買東西，而是讓人們去娛樂、找樂子的。因為體驗性的娛樂是無法被取代的，因此不管是體驗式娛樂的改變、商業形態的改變、教育的改變等等各方面，都已經往娛樂方向移動，所以，娛樂產業是可以投資的方向。我們投資嘻哈幫，不僅是跳街舞，還做了「兒童經濟」，譬如你要唱歌，還要搭配舞蹈，「小蘋果」就是這樣的案例。以前，台灣的四、五年級生的年代裡，我們的「帶動唱」就是類似這樣的做法，透過「玩」的模式，讓人容易學到東西，在遊戲中學習，就是這個道理。以前的明星只是唱唱歌、是有距離感的，現在的明星還要參加實境秀，像林青霞、歐陽娜娜，讓大家看到你不一樣的另一面，讓一切可能性玩到極致，這樣才會有最多的機會。

五、有特色的餐飲業

　　所有的產業要具備特色，才會有機會出線。為什麼我們要投資無國界蔬食料理的「大蔬無界」？這是一家素食餐廳，我們的餐要價不便宜，一人份的套餐要價358人民幣，最貴的要888人民幣，因為我們堅持採用最好的食材，我們的食材是來自全中國各省當地的最好食材，譬如福建的猴頭菇最好，堅持採用福建猴頭菇，東北米最好，堅持在東北買米，大蔬無界以「突破界限，崇尚本然」的品牌理念，以素食和素文化推廣為核心，使用當季食材創造無國界的蔬食料理，為了呈現食材自然的原味與合乎自然的規律，大蔬無界有自己的契作農場，並要求契作農場遵循自然農法的方式照顧作物與土地。因此當你用心去經營這個部分的時候，你所用的柴、米、油、鹽、醬、醋都是最好的，顧客是會感受到的，他們會感受到吃一頓飯是這麼的重要。當你的企業做出特色之後，具有特色的人就會和你站在一起。我們的「大蔬無界」原本在上海，後來在南京、杭州都有分店，現在馬上要在廣州、北京開店。江蘇省蘇州政府給台灣的誠品一個大區開發，開發商店、住宅，是一個很大的開發案，誠品創辦人吳清友堅持要引進「大蔬無界」進入蘇州誠品商城。

　　用心的成本很高，一家餐廳需要700萬至1000萬人民幣才能開的起來，這是一筆龐大的投資，一旦你的用心被顧客感受到的時候，顧客到你的餐廳來，每一道菜都是享受的，我們的服務人員會向顧客說明每一道菜的做法、為什麼要這麼料理、要如何吃……等等，這就是特色餐廳。譬如Friday餐廳，工作人員的制服別了很多徽章，只要大家要歡樂、要慶祝，都會想到Friday餐廳，這是特色餐廳。Hooter餐廳，他們的工作人員穿著溜冰鞋，搖呼拉圈，這也是特色餐廳。以我們「大蔬無界」的豆製品來

說，豆腐、豆漿都是堅持由中央廚房自己做，自己的豆腐達人做出最好的豆腐。因此，只要你用心去做，不管是內在的特色，或外在的表現方式，顧客是會知道的。

一般大眾想吃冰淇淋的時候，第一個聯想到的都會是「Häagen-Dazs」，而他們的「冰淇淋火鍋」也很受到消費者歡迎，這是他們的特色之一。鼎泰豐的小籠包，賣小籠包的店很多，但是只有鼎泰豐的小籠包是世界聞名的，他們很用心地做小籠包，把生產小籠包製定SOP流程，所以顧客也感受到了他們的用心。只要你有所堅持，並說出一套道理來，人家是可以接受的。

大陸有三家有名的牛肉麵：蘭州牛肉拉麵、永和大王番茄牛肉麵以及康師傅招牌牛肉麵。蘭州牛肉麵大概賣人民幣8~12元，永和大王番茄牛肉麵賣23元，康師父賣38元，同樣都是牛肉麵，為什麼康師父可以賣得比較貴？因為他們強調他們的牛是二歲以內的牛肉，麵是日本拉麵、現煮的拉麵，強調這碗牛肉麵和別人不一樣；永和大王強調他的湯頭是如何的熬煮，與眾不同，它的特色在湯頭。而蘭州牛肉麵是什麼都沒強調，完全沒有特色訴求。只要你用心、有所堅持，並能用說故事方式說出你的產品特色、價值點來，消費者是可以接受高價的體驗、品嚐你的產品。

我們在深圳投資一個「品茶居」，也是素食餐廳，這家餐廳和其他素食餐廳最大不同點是有一項餐點是素火鍋，火鍋湯底所用的食材配料來自雲南昆明某地方種出來的特別植物，是全中國沒有的，強調這種食材能夠活化血液，有益身體健康。在這裡品茶還有一項特色，除了一邊吃茶，一邊喝著特別熬煮的湯，還可以把你的腳泡在中草藥水裡面，從頭到腳的享受，非常舒暢。為了讓人吃得健康，在這裡你可以飯前品茶、聞香，喝一碗野生天麻湯，在品嚐美食的過程，還能泡上一個藥材熱水腳，品茶、聞

香，聽著佛樂，讓人們一走進品茶居養生素食館，心就靜下來。我們相信
餐飲市場永遠都會有機會的，像是台灣的滷肉飯，也可以成為全世界的名
食，所以鼓勵大家可以往餐飲產業這方向來投資。

六、大數據

　　所有的小數據的串連就成為大數據，彼此互為代理。我們投資一家
「英特華」集團，董事長楊志明原本是一家餐館的老闆，五、六年前來我
們這裡上課，知道大數據是未來的趨勢，課程結束後回去他把餐館結束
掉，然後去找所有需要的人才，開始做網路書店、賣起書來。他收買了各
個出版社庫存書或者不暢銷的書，然後弄了一塊很大的地，蓋了倉庫，而
那塊地是免費的，因為大陸各地政府為了鼓勵文化產業發展，提供了免費
的土地、廠房使用，所以他用了非常低成本，做起了網路書店的生意，一
方面可以降低出版社庫存空間壓力，一方面他也以較低的成本買進出版社
的庫存書，這對雙方都有好處。有了多種類的書籍，加上以低價策略行
銷，他打造一個很大的網路平台，利用大面積去做網路營銷，讓更多人去
買書，由於消費人數很多，於是平台有了很多數據可做分析，了解到哪些
人會買家庭類書籍、哪些人偏愛健康類書籍……等等，有了這些分析數
據，便開始利用這些數據資料庫去了解各類消費者的消費形態，進而去連
結各個相關產業的合作、行銷，創造了他的產業最大價值。我們非常看好
這家公司的發展，每個企業只要經營一段時間，必定產生、累積一些數
據，請務必把這些數據拿來運用，做有效益的分析，一定會得到你意想不
到的結果。

七、環保、低碳產業

近年來因環保風的推波助瀾，自行車重新復出到街頭了，我們投資的 M-bike就是屬於這種環保產業。大陸有一家太陽能公司——「皇明太陽能集團」，他們的發展令人震撼。這集團以前是製造太陽能熱水器，是中國最大的太陽能熱水器製造商之一。在大陸，太陽能熱水器的使用率很高，台灣的使用率就偏低了。

他們所生產的熱水器屬於低碳環保產業，是利用太陽的「熱」能轉換成電能的一種技術，如果能把這個技術與其他技術產業合作，發展就更大了，於是有了「蔚來城」住宅的誕生。「蔚來城」是集合了所有環保、低碳的技術應用，像是太陽能發電、家庭廚餘的回收、家裡的空調、自然通風、玻璃隔溫省能的特殊設計等等。

有了「蔚來城」住宅，要有人住進來，才能真正感受到房子的節能特點，於是開始做商店，也就是「氣候改善商城」。「皇明太陽能集團」從太陽能熱水器做起，再發展到「蔚來城」住宅，他們希望在五年內做到五萬家的「氣候改善商城」，把個人商品、家庭商品、社區商品、城市商品等等，與氣候節能改善相關的東西都放進來。例如，在個人的部分，也有很多東西可做成太陽能式的商品。充電寶，是利用太陽能方式儲存電力，把充電器放在有陽光的地方一段時間後，就有電供給你的手機、ipad使用。太陽能露營燈、太陽能收音機、太陽能手電筒、太陽能玩具車等等，都可以做到。在家庭的部分，也有很多東西可做成太陽能的商品，像是太陽能廚房、太陽能烤肉系統、太陽能空調等等，一步步地去生產、實現，當他在做環保產業時候，不只是單純的熱水器，而是把「熱」的技術放到各種領域裡，去做環保、低碳。同樣的理念，不一樣的運用，所以環保低

碳的產業絕對是不褪流行的產業。

現在有很多的電動車出來，未來有可能有無人駕駛車，連駕駛人都可不需要了。未來也可能不用自己買車了，現在在重慶、杭州實驗，你的車子就像U-bike 一樣，路邊停車場有車就可以隨時開走，到了另一地方停車場，只要「嗶」一下，就可以還車了，非常方便。所以U-bike 就是一種環保產業。如果不需要人人買車，那麼車輛數量就會大量降低，可以減少碳排放量，白天停放在停車場的車子非常多，沒有在使用，其實也是一種浪費，如何讓資源做最高效率地運用，這都是很好的產業發展方向。

種樹，也是環保低碳產業。我們有投資一家「我有一棵樹」公司，我們希望種很多樹，有了很多樹就會產生很多的碳權，中國國家主席習近平在這次訪美曾經宣佈：中國未來將進行「碳權交易」，也就是說，連「二氧化碳排放量」也可以釋放到市場做買賣，對企業來說是一種營收。

八、行業要專精

這點我想說的概念是，把同行的某件小事，做到專精、最好、極致。將你的競爭同行不做的小事，轉成你唯一的「大事」，這是相當有發展機會的。譬如，日本有家叫QB House的理髮連鎖店，做著簡單至極的理髮，QB House的創始人小西國義因為在一家理髮店等待很久才終於輪到他，卻也沒有立即開始理髮，洗髮小工們先是給他遞上一條又一條熱毛巾，然後是沒完沒了地開始按摩肩頭和手臂，接著就推銷起各類美髮產品。他覺得理髮店繁瑣冗長服務程序對消費者是一種痛苦。他認為一定有人像他一樣只想要快點把頭髮剪短，討厭這樣過於「殷勤」服務，所以才有了──沒有燙染和美髮產品的銷售，每次1000日圓、理髮只要十分鐘的QB House，提供人們一個簡單、快速、便宜剪髮的地方。目前它在日

本已經有550家的店面，分店甚至開到了香港，台灣，新加坡，馬來西亞等地。像這樣在理髮的行業裡，只提供簡單的剪髮，連洗髮都可以省去，因為他們有搭配使用一款專門清潔細碎頭髮的小型吸塵器，能有效清理顧客理髮後留在頭上和頸部的碎髮，因此大大滿足了消費者追求簡單、快速、便宜的理髮需求，所以服務做到簡單極致就能勝出。

現在很多的企業、廠商都強調機械自動化生產的產品，但若是反過來強調用純手工製作的產品，反而能成為高檔貨，更能受到消費者喜愛，因為物以稀為貴，例如家裡的浴缸，曾經以自動化浴缸為上品，現在卻以傳統手工木桶為上品而受到消費者青睞。諸如此類，堅守某一行業，並且最到最好，是可以看到很多機會。

另外，我們投資「匯眾」公司，它是做裝修業培訓教育的，是中國最好的裝修業培訓公司，它只做裝修業的培訓，等到它的體系夠大時，其他小型的培訓公司就被它併購了，成為這個行業的第一名、領頭羊，所以行業專精很重要。我們的「初悅坐月子中心」，若是能夠把它做到最專業，就能夠成為這行業的領導品牌，每個人都有可能成為各行業的專家。

九、有機養殖、種植

「有機的種植」也是大發展、商機無限。我們曾經投資學員的公司叫「綠加綠」，做屋頂種菜。在屋頂可做兩件事，一、太陽能板，二、種菜。太陽能板可以為大樓省電，在屋頂種菜，可以供給大樓食物。之前很多人沒有利用屋頂種菜的，是非常可惜的，所以「綠加綠」就幫助人們在陽台、屋頂種菜，不用農藥、化學肥料種植，讓自己吃的菜是看得到的無毒農產品。

我們在台灣的花蓮設有「播種者休閒農業中心」，種植有機米，用最

傳統的方法種米，不用農藥、化學肥料，因此有機米的賣相自然不會太好看，但卻是好米。我們是自己買地、種田，同時我們也租地，為農民提高收入，同時也給了原住民工作的收入。在這裡，我們也有茶園，所種的茶葉也是有機茶，我們將產出的茶葉以贈品行銷方式賣給消費者，我們也鼓勵大陸企業家買我們的茶，因為這是最好的茶葉。這個理念是希望讓大家可以回歸原始生活，我們愛這塊土地，就不要傷害這塊土地，用復育的方式來利用它。

∏BS∃ 創業學院
DOERS BUSINESS SCHOOL

亞洲商業模式第壹人林偉賢老師集結實踐家教育集團16年海內外資源,召集全球商界達人和明星企業家們攜手創辦。旨在通過創業經驗的分享,創業精神的建立和商業計劃書的制作等落地實操方法的傳授,幫助懷揣創業夢和正走在創業路上的準企業家們創業成功,幫助正準備轉型或二次創業的進取型企業家們重溫創業歲月,用嶄新的方法、模式打造屬於妳的創業神話新篇章。

我們陪妳壹起創業! 我們壹定讓妳成功!
我們帶妳直接橫掃,戰場只要妳跟著我們操練,妳就必然成功。

8天7夜的課時
地點: 大陸、臺灣、香港、馬來西亞

 400 116 8585

🌐 www.doersbs.com

DBS創業核心價值觀

夢想　創新　責任　堅毅　協作　分享

課程收益

提供創業者所有成功
的元素，去除創業失
敗所有的風險

沒有人脈

沒有資源

沒有方法

創造人脈　**對接資源**　**給到方法**

DBS創業模型

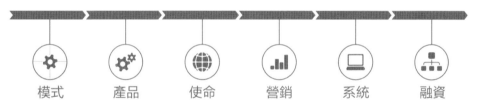

模式　　產品　　使命　　營銷　　系統　　融資

7大課程模式

創業模型 ｜ 商業計劃書撰寫 ｜ 創業落地系統 ｜ 商機趨勢分析 ｜ 打造爆款神器 ｜ 318營銷及路演技巧 ｜ 眾籌技術與平臺設計

3大課程特色

軍事化管理學長制
每期優秀項目評選
學員優秀創業項目建立投資意向

2大創投基金支持

海外創投基金1000W美金
創投基金1000W人民幣

可以說YouthDBS菁創學院是壹個夢工廠,是壹個創新突破營,是壹個創客孵化基地,是壹個創業家學院,更是持續培育中國未來的創導壹代!

YDBS
菁創学院

您的孩子
有夢想嗎

同齡人中
有優勢嗎

行為處事
有自信嗎

面對學習和生活挑戰
有UP動力嗎

18歲後的他／她將有
自由掌控的人生嗎

DBS
DOERS BUSINESS SCHOOL

獲得你的夢想金

創客體驗,學習並了解新壹代創業者的基本技能,商業計劃書的書寫,整理,到最後壹天的路演現場,學員展示創智贏家的商業項目,個人夢想金頒布,最具潛力投資的學員現場直接獲得意向投資。

夢想 ★ 責任 ★ 創新 ★ 堅毅 ★ 協作 ★ 分享

 400 116 8585

青少年創＋系統第壹品牌

菁創學院理念

夢想 潛能 體驗 實戰 系統

01 夢想　　02 責任　　03 創新
04 合作　　05 堅毅　　06 分享

菁創課程系統

夢想 潛能 體驗 實戰 系統

- **菁創夢想**
  From Dreamer to Doer
- **菁創系統**
  YCEO Model
- **人脈合作**
  Well Connection

- **科技創新**
  Tech - Innovation
- **品牌營銷**
  Brand & Marketing
- **贏利與使命**
  Profit & Mission

課程板塊

夢想 潛能 體驗 實戰 系統

夢想信仰	人脈合作	量子商業	財商情商
創新思維	量子學習	創客體驗	創意工坊
創業孵化	盈利與公益	融資募款	高效技能
商業計劃書	演說口才	互聯網營銷	商業競演

課程安排

夢想 潛能 體驗 實戰 系統

01
入營學院 規則分組
入營激發夢想，錄制夢想言說

02
學員說出夢想接受創
智任務開始正式課程

03
拓展訓練和課程

04
拓展訓練和
課程創客體驗

05
拓展訓練和課程產
品營銷完美引爆

06
課程生化公益創業
未來創業技能GET

07
拓展訓練和課程企
業參訪商業競演

08
家長日實戰回顧創新項目
路演展示夢想金評選頒布

 400 116 8585

青少年創 + 系統第壹品牌

「眾籌」成潮，
眾籌將是您實踐夢想的舞台！

勢不可擋的眾籌（Crowd funding）創業趨勢近年火到不行，獨立創業者以小搏大，小企業家、藝術家或個人對公眾展示他們的創意，爭取大家的關注和支持，進而獲得所需的資金援助。相對於傳統的融資方式，眾籌更為開放，門檻低、提案類型多元、資金來源廣泛的特性，為更多小本經營或創作者提供了無限的可能，籌錢籌人籌智籌資源籌……，無所不籌。且讓眾籌幫您圓夢吧！

✔ 終極的商業模式為何？
✔ 借力的最高境界又是什麼？
✔ 如何解決創業跟經營事業的一切問題？
✔ 網路問世以來最偉大的應用是什麼？

以上答案都將在王擎天博士的「眾籌」課程中一一揭曉。教練的級別決定了選手的成敗！在大陸被譽為兩岸培訓界眾籌第一高手的王擎天博士，已在中國大陸北京、上海、廣州、深圳開出眾籌落地班計22梯次，班班爆滿！一位難求！現在終於要在台灣開課了！！

課程時間 2016年8/6～8/7（每日09:00～18:00於中和采舍總部三樓NC上課）

課程費用 ~~29800元~~，本班優惠價19800元，含個別諮詢輔導費用。

課程官網 新絲路網路書店 www.silkbook.com

二天完整課程，手把手教會您眾籌全部的技巧與眉角，課後立刻實做，立馬見效，保證上架。

From *ZERO* to *HERO*
先學會這些吧！

翻轉腦袋賺大錢！

2016/6/18-6/19 於台灣台北矽谷國際會議中心，舉辦為期兩日的**世界華人八大明師大會**，國際級大師傳授成功核心關鍵、創業巧門與商業獲利模式，落地實戰，掌握眾籌與新法營銷，提供想創業、創富的朋友一個通往成功的捷徑。

創新是由 0 到 1，創業則是將其擴展到 N。大會邀請各界理論與實務兼備並有實際績效之**林偉賢**（主講）、**王擎天**（破風）等八大明師，針對本次大會貢獻出符合主題的專才，不只是分享輝煌的成功經驗，而是要教你成功創業，並且真正賺到大錢！

 林偉賢    王擎天

成功核心關鍵 × 創業巧門 × 商業獲利模式

6/18 專用票

6/18～6/19會台北

世界華人八大明師

2016 大眾創業 萬眾創新

想賺大錢，先來翻轉你的腦袋！

From ZERO to HER$

◎ 原價 29800 元　　◎ 特價 9800 元
◎ 地點：台北矽谷國際會議中心
　　新北市新店區北新路三段223號

國際級大師傳授成功核心關鍵，創業巧門與商業獲利模式，落地實戰，掌握眾籌與新法營銷，助您開通財富大門，站上世界舞台！

憑此票券可直接入坐一般席，毋須再另外付費。

■ 一般席

88HPQ -主辦-

世界華人八大明師
2016.6.18～6.19會台北

姓名：

手機：

E-mail：

88HPQ -大會留存聯-
請將本聯資料預先填妥，謝謝。

今年大會以最優質的師資與最高檔次的活動品質，為來自各地的創業家、夢想家與實踐家打造知識的饗宴，汲取千人的精髓，解讀新世紀的規則，在意想不到的地方挖掘你的獨特價值！八大盛會將給您一雙翅膀，超越自我預設的道路，開創更寬廣美好的大未來！

熱烈歡迎世界各洲
華人返台參與八大！！
憑本券免費進場！！！！

**海外人士
免費贈票**

請攜帶本書或本頁面或本券，憑護照或機票或
海外相關身分證明（例如馬來西亞身分證Kad Pengenalan）即可直接免費入場！

詳細課程內容與完整講師簡介，請上官網

新·絲·路·網·路·書·店
silkbook○com 新絲路 **www.silkbook.com**

✗ 華文網 http://www.book4u.com.tw/ 查詢

詳細課程內容與林偉賢、王擎天、林裕峯等八大明師簡介請上官網新絲路網路書店查詢www.silkbook.com

—交通資訊—

一、戰略定位（優勢、差異）

用一句話描述公司業務（反覆錘煉，15字內）

公司願景：

二、商業模式

1. 為誰做？
（客戶是誰？）

2. 做什麼？
（產品是什麼？）

3. 怎麼做？
（解決方案？）

二、商業模式（現有結構）

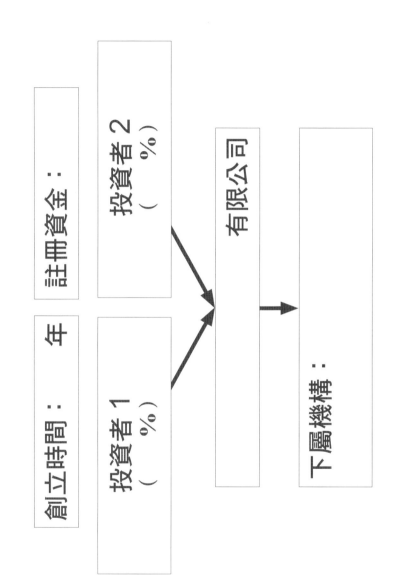

創立時間：　年　　　註冊資金：

投資者 1
（　％）

投資者 2
（　％）

有限公司

下屬機構：

三、市場規模（大市場、大機會）

1. 大趨勢（用大視野、大想法構思未來）

國際趨勢：

國家政策：

行業發展：

三、市場規模（大市場、大機會）

2. 需求預測（過去三年和未來三年行業成長，單位／億元）

3. 需求驅動因素（行業憑什麼會成長？）

四、自主創新（超越與突破）

1. 商業模式創新

2. 產品或服務創新

3. 研發創新（技術創新、智慧財產權、專利等）

五、成長戰略（可持續發展）

1. 過去三年

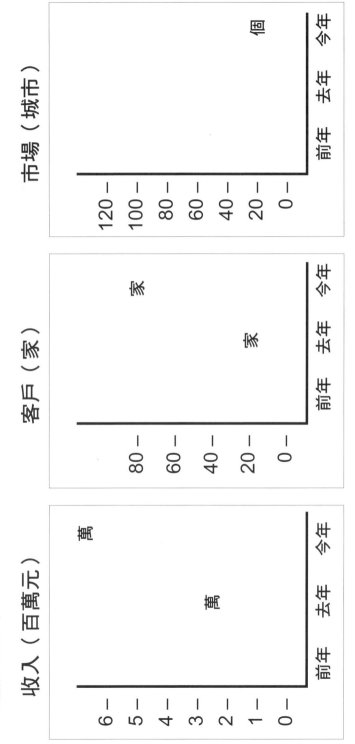

五、成長戰略（可持續發展）

1. 過去三年——成長數據

時間	收入（萬）	成長率	客戶（家）	市場（城市）
2014 年				
2015 年				

成長策略：講清楚未來 6～12 個月的發展路徑

（產品研發、推廣、銷售、反覆運算、策略聯盟、客服等）

五、成長戰略（可持續發展）

2. 未來三年成長預測（單位／萬元）

指標	明年	後年	第三年
收入			
成長率			

3. 未來三年成長策略

六、管理團隊

創始人：

職務：
描述：

核心高管 1：

職務：
描述：

核心高管 2：

職務：
描述：

核心高管 3：

職務：
描述：

DOERS BUSINESS SCHOOL

六、管理團隊（員工結構）

類　型	人數	大專以上 （百分比）	大專以下 （百分比）	平均 年齡	平均在 職時間
管理人員 （經理以上）					
開發人員					
實施人員					
銷售人員					
行政後勤					
合計					

11

七、競爭格局

優勢 S		劣勢 W	
機遇 O		威脅 T	

（上一年度資料，單位：億元）

行業標準	優勢	劣勢	營業額	毛利率	淨利潤率

七、競爭格局（知己知彼）

主要競爭對手（單位：萬元／時間：上一年度）

企業名稱	成立時間	行業排名	優勢	劣勢	營業額	用戶數

八、市場行銷

1. 產品

2. 定價

3. 管道

4. 推廣

九、投融計畫

1. 融資目標（單位 / 萬元）

1）融資金額：

2）出讓股份：

2. 上市計畫

1）上市時間：

2）上市地點：

3. 資金投向（單位 / 萬元）

研發投入：

市場推廣：

團隊建設：

說明：

十、財務預測

（單位／萬元）

財務指標	前年	去年	今年	明年	後年	第三年
收入						
利潤						
客戶量						

16